国际时尚设计丛书·服装

时装流行预测·设计案例

[英] 凯瑟琳·麦克威尔(Kathryn Mckelvey)
詹妮·曼斯洛(Janine Munslow) 著

袁燕 译

中国纺织出版社

内 容 提 要

本书旨在阐明流行预测在现代时装产业中的作用。本书的目标读者是有所抱负的设计师、中等水平的学生以及具有一定时尚知识和技能的年轻从业人员。本书立足于初级设计师，他们需要理解时装产业所提供的流行情报，以便能够自我充实、明确设计方向并不断获取灵感。文中插图不仅阐明了流行趋势预测公司的作用，情报制作过程及其发展的前景，而且也表述了如何运用最新的时尚插画和图形来进行流行情报的发布与传达。本书是专业师生和产业设计师不可多得的流行趋势预测参考手册。

原文书名：Fashion Forecasting (ISBN 978-1-4051-4004-1)
原作者名：Kathryn Mckelvey & Janine Munslow

著作权合同登记号：图字：01-2009-7361

图书在版编目（CIP）数据

时装流行预测 · 设计案例 /（英）麦克威尔，（英）曼斯洛著；袁燕译 .—北京：中国纺织出版社，2012.12
（国际时尚设计丛书 . 服装）
ISBN 978-7-5064-8240-0

Ⅰ. ①时… Ⅱ. ①麦… ②曼… ③袁… Ⅲ. ①服装－预测 Ⅳ . ① TS941.13

中国版本图书馆 CIP 数据核字（2012）第 001339 号

策划编辑：宗 静 刘晓娟 责任编辑：张 璞
责任校对：王花妮 责任设计：何 建 责任印制：何 艳

中国纺织出版社出版发行
地址：北京东直门南大街6号 邮政编码：100027
邮购电话：010 — 64168110 传真：010 — 64168231
http://www.c-textilep.com
E-mail:faxing@c-textilep.com
北京新华印刷有限公司印刷 各地新华书店经销
2012年12月第1版第1次印刷
开本：710×1000 1/12 印张：19
字数：157千字 定价：49.80元

凡购本书，如有缺页、倒页、脱页，由本社图书营销中心调换

致谢

凯瑟琳·麦克威尔（Kathryn Mckelvey）和詹妮·曼斯洛（Janine Munslow）对以下为本书的出版作出贡献的公司和个人表示感谢。感谢*IN.D.EX*的萨拉·麦克唐纳（Sarah McDonald）和远景基金会（*Future Foudation*）的梅拉尼·马什（Melanie Marsh）以及这里和那里（*Here & There*）的凯·修（Kai Chow）；感谢多纳格国际（Doneger International）的多纳格（Doneger）先生允许我们使用*Here & There*的素材；感谢穆德佩（Mudpie）设计有限公司的首席执行官梅拉尼·珍维（Melanie Jenvey）和尤·雷特（Jo Little）；感谢*WGSN*的朱维斯·托顿（Joyce Thornton）和苏·伊万斯（Sue Evans）；巴黎卡琳国际（Carlin International）的克里斯蒂恩·劳耶（Christine loyer）和工作室里的同事们；《流行情报站（*Trendstop*）》的加纳·加特力（Jaana Jätyri）；贝克莱尔·巴黎（Peclers Paris）的商业伙伴露西·海利（Lucy Hailey）；概念·巴黎（*Concepts Paris*）的尤斯（Jos）和约翰·贝瑞（John Berry）；KM联合公司（KM Associates）的詹奥夫（Geoff）和安妮（Anne）的帮助；埃德库特（Edelkoort）工作室；《时尚资讯（*Mode Information*）》的产品经理丽萨·费伦巴赫（Lisa Fielenbach）；衣装(WeAr)国际杂志的克劳斯·沃格尔（Klaus Vogel）；尤其是观察出版物（*View Publications*）的马汀·布赫曼（Martin Buhrmann）；时装营销专业的毕业生鲁斯·卡普斯蒂克（Ruth Capstick）；我们还要感谢阿姆斯特朗（Armstrong）、朱丽·麦尔斯（Julie Mills）、朱蒂·布尔（Judith Bull）和萨拉·肯迪（Sarah Kenndy）允许引用他们的纺织品设计；并对克里斯顿·佩克瑞（Kristen Pickering）的纺织专业学生提供的帮助表示感谢。

感谢威利·布莱克威尔（Wiley-Blackwell）出版社的梅德莱恩·梅特卡夫（Madeleine Metcalfe）和安德鲁·哈尔姆（Andrew Hallam）对本书给予的支持、耐心和投入。

凯瑟琳对于詹妮的支持表示诚挚的感谢。她还要感谢她的家人艾恩（Ian）、艾米丽（Emily）、露茜（Lucy）和杰克（Jack）给予她的无尽宽容与关爱，

詹妮真诚地感谢诺森比亚大学（Northumbria University）设计学院的朋友和同事给予的支持，感谢她的家人海尔达（Hilda）、奈尔（Neil）、本（Ben）和劳瑞（Laurie）的耐心，同时，也感谢埃里克斯·洛克（Alex Rock）和罗纳德·勒·罗兰德（Leonard Le Rolland）提供的专业指导与帮助。

序言

本书旨在阐明流行预测在现代时尚产业中的作用,其范围将涉及对生活方式趋势、产品和服务的关注。在日益加剧的市场竞争中，流行预测是设计师、制造商、零售商、营销者、首席执行官（Chief Executive Officer，CEO）等为品牌注入创造力而采用的手段。

本书的目标读者是有所抱负的设计师、中等水平的学生以及具有一定时尚知识和技能的年轻专业人士和专业从业人员。本书立足于学生设计师，他们需要理解时尚产业所提供的流行情报，以便能够自我充实，明确设计方向并不断获取灵感。文中插图不仅阐明了流行预测公司的作用、流行情报发布的制作过程及未来发展，而且也表明了如何运用最新的时尚插画和图形来进行传达。它是一个将“流行情报”素材进行收集、分析并尽可能清晰、快速和经济实效地传达给客户的产业。

在这种信息的传达中借助了诸多手段，其中以传统的书籍出版物和互联网为主。每种媒介都有其优势，互联网尤其以其快速获得T台流行资讯为特色，而书籍出版物则以其特有的触觉和肌理质感为优势。这两种途径对今天的设计师来说都是必不可少的。

本书分为几个部分。第一个部分对研究流行趋势和预测的公司进行了概要的介绍，第二部分是流行趋势预测的服务，包括那些发布传统出版物的流行趋势预测机构；那些主要针对特定市场的流行趋势预测机构，如穆德佩（Mudpie）设计有限公司（其主要针对儿童和青少年）和概念巴黎（Concepts Paris，其主要针对内衣)；还有那些只提供网上服务的流行趋势预测机构，如沃斯全球时装网（WGSN）和流行情报站（Trendstop）；以及像卡琳国际（Carlin International）和贝克莱尔·巴黎（Peclers Paris）那样享有盛誉的业内深度分析公司。

译者注：贝克莱尔·巴黎是一家国际知名的顾问公司，提供专业顾问服务给设计师、制造商，以及从事纺织品、时装、化妆品、首饰、消费品、家居潮流用品、装修等的零售商，并出版多部时尚流行资讯刊物。

每家公司都有自己的途径，但是他们都是从世界各地搜罗全球的时尚情报进行编辑处理，并以订阅服务的方式出售给他们的客户的。

接下来的“制作流程”部分描述了如何为新一季开发流行情报。

它首先分析了色彩的运用，及从中可以获得的灵感。还包括面料灵感和相关的贸易展——反过来他们也会提供出自己的预测资讯。

资讯无处不在，但是如何将这些信息变得更有意义，而且如何使设计师在一季中获得更多资讯呢？本部分中有特定的章节专门论述了“观察”——视觉阅读和视觉理解的作用和功效。解析情绪基调板的练习包括从一季的流行情报中提取尽可能多的含义和多样性信息。这一信息是由艾玛·詹弗瑞斯（Emma Jefferies）提供的。目前，艾玛正在攻读“视觉识读”专业领域的博士学位。

随着消费者越来越依赖视觉进行信息的识读，以及市场竞争的愈演愈烈，这种解析为“准时尚预测人员”提供了另一种手段。

这一部分列举了两个案例，一个是女装案例，另一个是男装案例，重点探讨了各自设计的区别。

最后一章内容有关出版物版面，讲述如何运用排版来表达情绪基调、风格和品牌，同时展示了一些学生作品实例，这些作品通过多种媒介阐述了上述理念。

目录

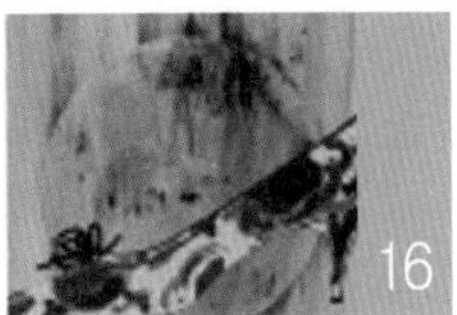

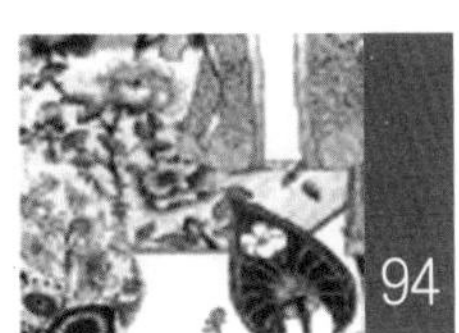

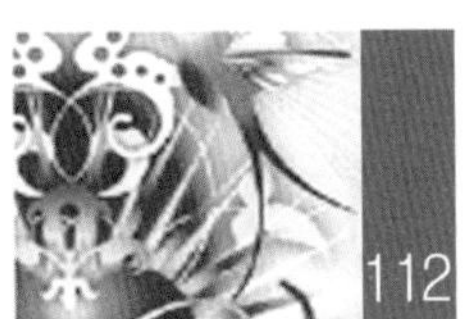

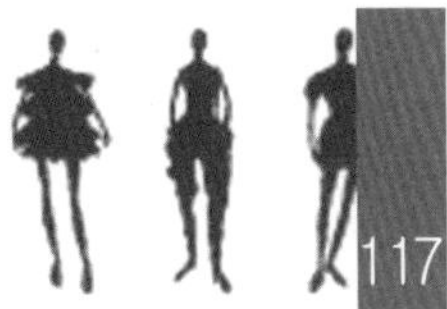

目录

流行预测的背景

流行预测作为一个产业出现，是与工业化大生产和零售业的发展相适应的，它在“二战”后成为一个重要的产业。

时装业近几十年的变化可以在预测信息的收集、编辑以及运用的方式上得到体现。

这期间存在着一种转变，由20世纪60年代以前的单一趋势导向的垄断局面转变为更为多元化的方式，这同时也折射出了大众传播的扩展以及随之而来的消费者的日趋成熟。由此，这种转变创造出了一种发端于市场的渐进式的重新定位，这种重新定位来自于设计师层面以及激发设计师灵感的街头样式与亚文化潮流的反作用力。前者指设计师对中低端市场具有影响力，并开发出潜移默化（“自上而下”）地影响商业化高街产品的设计与流行趋势；而对后者而言，这种作用力集中体现于消费者个体并被细分为小众市场，在这种小众市场中，消费者意愿是受到品牌引领和生活方式驱动的。

在战后的一段时期内，流行趋势预测公司在每一季中通过编写故事就可以十分轻松地进行流行预测，因为当时的市场发展还是较为缓慢的。预测信息被编辑成册，可以同时传递出视觉与触觉的信息。在生产过程中手工制作的成分常常会保留下来。

流行的主题也更具有可预知性，并常常发展变化，这些故事反映出来的是缓慢演进的时代流行趋势，例如，每个季节都会看到经典故事的更新，航海、部落、纯净、花卉和几何图案。

这一时期中流行的典型主题反映出了过分单纯的市场特性，例如“挤奶女工（Milkmaid）”、“偷猎者（Poacher）”、“撒哈拉（Safari）”、“乡绅（Country Squire）”和“民俗故事（Folk-Story）”。

色彩被简单地分为中性色、中间色、深色和浅色，远远少于当今市场中的色彩分类。随机选取的现代主题的标题有诸如“光耀的启示”、“暗示”、“变色龙”和“过滤器”等。

一段时期之后，更为宽泛的产品被囊括进来，运动装、家居用品和媒体以及远程通讯乃至其它设计领域，例如运输工具的设计。

网络的出现为流行预测产业带来了革命性的变化，并且使得新的Dot.Com公司可以以快速和与众不同的方式发布有关全球趋势的预测素材。信息采集者立足于全球各大主要城市，及时回馈一切新的发现；他们通常是自由职业者，或是与当地的公司代办处进行合作。许多机构也以自由职业者的方式雇用插画家和设计师进行时尚流行预测。

有趣的是，虽然网络改变了流行趋势预测产业，但是传统预测书籍的触觉特性仍保留有一定的市场份额，而且对于时尚产业来说是必不可少的。

传统书籍常常是限量发行的版本，例如，一种约印500份。

这些书中常常包含了从最新的贸易展会中获得的面料。这种面料以制作样衣的长度购置进来，而后手工剪裁成面料小样并粘贴在书上。或者将新面料和经典面料（Vintage Fabric）组合运用，出现在具有特定倾向的出版物中。

虚拟的SNO俱乐部

可以将色彩源源不断地填充进来。这是一组鲜艳的饱和亮色和掺入白色的复合亮色。对于巴黎最新样式中所使用的色彩，可以将具有相近色调的色彩成对地搭配或者层叠起来，从黄到红，青绿色到绿色，使色彩以块面的形式浮于纸面之上。

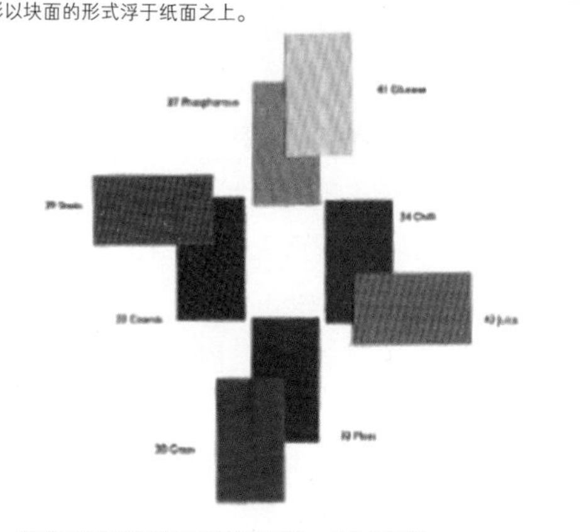

通过平面图形的布局进行色彩混合，并做出标签。

无指手套毛衫

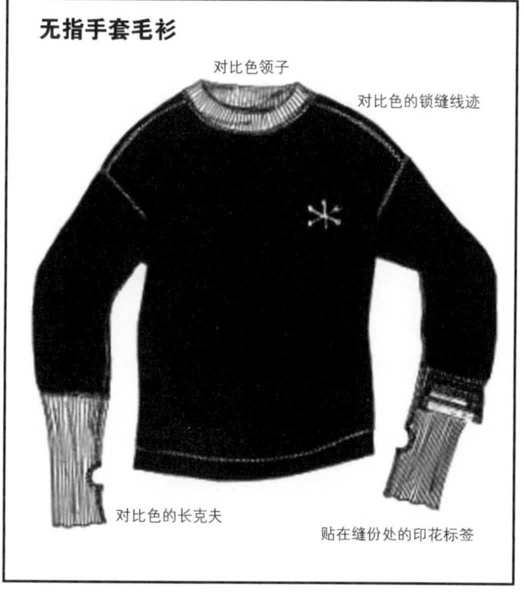

以上插图说明了96/97秋冬季男装运动（Active）主题的趋势预测，这一资讯在1995年春季就已经被编辑好。我们在对细节进行仔细观察之后，会发现很有趣的一点是，资讯信息如何与更现代的故事形成对比。值得注意的是，就其时代性而言，信息的思考分析是多么超前（超前多长时间来思考这一信息为信息本身留下了时代的印记）。

尽管这一预测较少将重点放在技术、相关的外部细节和面料上，与当今的信息相比，整体效果不太复杂而且也较少设计，在潮流趋势的流行周期中，这类服装的总体廓型只会进行少许的变化，为的是能够成为无处不在的基本款来适应青年市场。

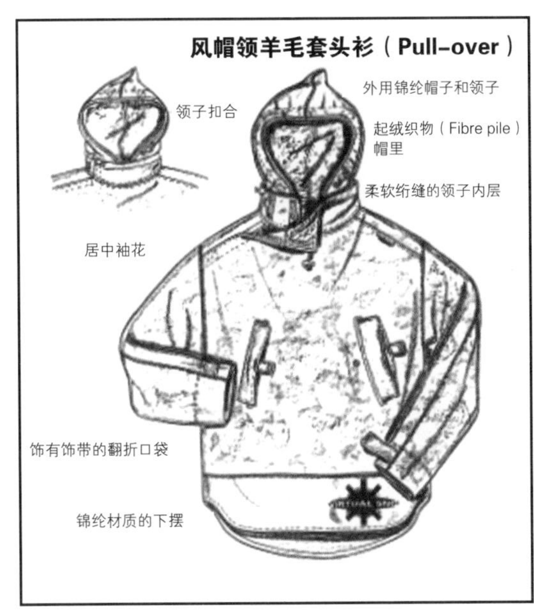

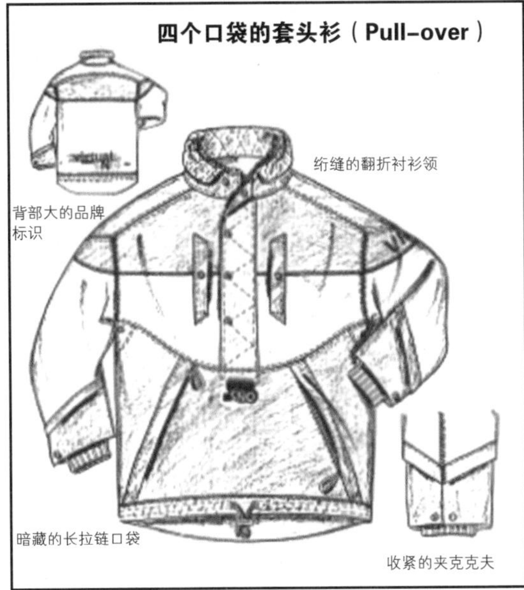

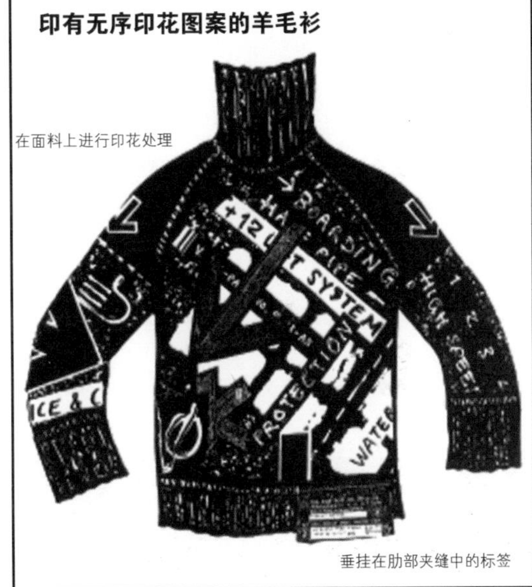

最明显的特征是，图例中的图形看上去缺乏真实感和复杂性，然而，从这时起图形与时尚之间的相互作用便逐渐延展开来，这样一来，任何最先对这个潮流导向投资的公司都将会取得市场优势。

图片由IN.D.EXCIRCA于1996年提供。

预测和品牌研发

随着时尚消费者和产品在信息技术运用、材料和制作工程方面逐渐的复杂化，风格迥异的时尚品牌逐渐发展出个性识别和营销美学，使其目标受众能够体察品牌的真实性和完整性。这引发了消费者对品牌产品和价值的信任，也可以理解为是对购买者的品位、财富、亚文化忠诚度或道德信仰的一种认同。

品牌是一个很难给出定义的概念，因为它不得不时常翻新、不断更新内涵，但是它普遍被认为是一种产品和服务，包含制造商或者提供者自身。这种不断调整的定位以及群体特征与时代思潮的权衡，为预测提供了必要的消费者基础。

在许多公司中，营销工作是分组进行的，广告、产品开发、消费者研究、公共关系、预测机构可以彼此协调，将精力有效地集中于这些活动之中，而且还可以对组织内驱力有一个清楚的认识。

经济和政治气候的改变将会对品牌与市场的链接带来影响。例如，对于诸如全球化、生态学、经济衰退、恐怖主义等问题的反应，不仅会为品牌的认知带来风险，也会带来机遇，因为从消费者通过对品牌的熟知与忠诚获得慰藉、消除恐惧心理的角度来说，品牌是一种强有力的工具。

在奢侈品市场中，像普拉达（Prada）、古琦（Gucci）、夏奈尔（Chanel）、爱马仕（Hermes）、范思哲（Versace）和阿玛尼（Armani）等拥有巨大能量的品牌通过授权许可生产来创造销量，例如太阳镜、箱包、香水和牛仔裤。这样看来，品牌就代表了“假货”与“真货”之间的区别。

现代组织机构通过建立一整套的核心价值理念以及包括商标、品牌标识（Logo）、字体和色彩在内的强烈的视觉化形象来建立品牌识别。这种方式创造了品牌的个性、一种消费者所向往的哲学。创建起来的品牌形象则代表了该组织机构的精华本质。

“一切源于品牌化。”

——品牌化的不变信条

STARBUCKS
COFFEE
KURT GEIGER
DIESEL
WATER
CHANEL
PRADA
SPACE.NK.apothecary
ALL SAINTS

未来咨询机构的创造性解决方案

流行趋势预测产业与市场调研和未来咨询有所交叉，因而变得更易判断，它运用定量的和定性的、数学的和统计学的技术来为品牌战略提供建议。作为大公司的顾问，这些公司的主要工作是分析影响消费者的社会趋势，并且以最佳的方式在全世界范围内的未来消费者环境中推行品牌战略。

这些咨询机构能够深入了解未来消费者，明确如何从零售、科技、金融、汽车、饮食、时尚和创造性产业中确定客户。他们预测未来流行趋势，以帮助开发新产品，或预测未来收益和市场规模。他们对世界各地所出现的流行趋势进行报道，涉及世界上最具活力都市的内幕新闻，以及对设计、建筑、消费者文化领域内的顶级人物的访谈。焦点集中在对经济、科技、政治、生活方式、态度、消费模式和人口统计学的整合分析。

大多数企业和组织都很清楚，他们需要以消费者为中心，但是实际上他们可能对消费者知之甚少。 未来咨询机构的忠告是，你要想获得成功就必须先要了解和抢占你的消费者。他们为那些寻找新的沟通方式的公司提供服务，并以更能引起共鸣和易于达到目的的方式来进行产品和战略研究，探讨与当前市场和消费者未来需求相关的品牌策略。当他们未能预测到这些转变时，品牌就会失败，因此，在构建新战略和拓展公司对关键问题的解决思路方面，这种类型的信息是非常重要的。

未来咨询机构的工作就是将流行趋势的预测信息与各种信息结合，包括市场研究数据、各种专家访谈、直觉感受、对重要客户进行的定量与定性分析、对目标群体进行针对相关主题的提问式研究，并且通过诠释这些信息，使特定品牌以一种更具战略眼光的方式和更了解目标市场的姿态来参与市场竞争。

在创新和品牌化的行业中，有一大批专业化的网络工作者在发挥着作用，他们建议品牌采用最切合实际和及时更新的流行趋势信息，并在消费者调研工具方面给出建议，从而对市场需要进行更好的预期。其目的在于帮助他们更好地理解这个不断变化的市场，理解当前和未来消费者需求以及由此产生的机会。

产品和服务：

整套品牌战略

通过定制服务或年度订购进行业绩评价以应对竞争，告知正在显现的潮流趋势和市场，并运用各种技术和方法来协助企业进行新产品和新机遇的构想。

市场调研数据

未来咨询机构可以提供的另一项重要服务是细致周到的市场调研和消费者的行为观测。定量市场调研和大量数据分析可以使样本变得更加典型，更加深刻反映市场变动。此外，还有特定的人种学和人口统计学的研究、专家访谈、案例研究以及为焦点人群如青年群体或45岁以上人群提供特定主题的信息。

消费者行为

咨询机构研究长期统计获得的趋势并且提供与家庭生活、住房、娱乐、金融和休闲活动相关的、正在显露的经济和社会的模式信息。

方法论

许多咨询机构已经研发出具有自己专利特色的策划流程或指标体系，运用“标注参比点”的科学手段创造出一种更为系统的方法，将信息分析和数据整合转化成为可付诸实施的预测方案。

消费者指标

这些消费者指标将会对消费者的变化提供超前的计划，其目标在于根据消费者心态和观念的长期调查，对消费者的关注度和信任度进行衡量。

情景构建

这种实践可以构建模拟未来状况的情景，预期未来的可能性，测试可能发生和不可能发生的事件。

消费者类型学

该技术创造出假定的消费者类型，对正在显现的个性品位和消费者行为进行说明。如对包装、图形、设计、产品制造和视觉传达方面的现有概念提供新思路来说，这种方法是十分有效的。

宏观趋势整体策略

宏观整体策略旨在从总体上勾勒出对未来交易起到关键作用的诸多全球趋势。这些服务对于那些计划进行技术投资并且就中长期远景作出重要决策的大型组织而言是最为有效的，例如汽车行业。

触角

从独特创见性的角度，在全球网络中对正在显露的消费者品位给出专家观点、直觉感受以及深入透视，就世界各地出现的新观念和正在涌现的流行趋势报道作出最前沿的趋势分析。将传统的和电子的方式整合于预测流程之中，这种服务对于时尚设计、出版和美容领域中的新锐势力是必不可少的。

创新——保持新锐

在动荡不定的市场中，企业及其品牌要想保持真实、完整和充满活力是很困难的；这些咨询机构可以提出建议以确保他们的客户在其组织内部保持创新性。

在线

来源于各种资源的导向性信息从多个角度提供了详细的趋势信息、严密的研究和模式分析，包括人口统计学、经济学、技术、政治、文化态度和消费者行为。这些信息每日大量上传、全球联网，涵盖设计、建筑、室内、零售、产品、家具、技术、时尚和文化等诸多领域。

社交活动和信息推介会

流行趋势预测机构可以定期召开小规模的会议，与客户分享最新见解和深度分析，解读流行趋势并告知于更广泛的领域，从市场营销、产品推广到时尚和产品设计。除此之外，专题研讨会、展示活动和杂志也可以提供每周、每季、每半年的“最热”信息。

远景基金会(Future Foundation)

远景基金会—— 一所国际化的消费者咨询机构

www.futurefoundation.net

下面是对远景基金会的一次采访。

远景基金会是一个独立的商业智囊团。我们的工作是战略性的，是以未来为中心的。 我们会为消费者提出建议，通过迎合不断发展的消费者需求来对未来进行规划。我们的核心能力在于理解和预测社会和消费者趋势，并分析这些趋势对消费者市场所带来影响的范围和特性。自2005年被益百利商业战略公司（Experian Business Strategies）收购后，我们已在法国、荷兰、西班牙开设了办事处，并不断扩展我们的国际化业务。

远景基金会在预期、理解、预测人们生活方式的转变方面拥有丰富的经验。我们的分析和预测在于解读不同的社会势力——社会、经济、技术、文化、政治以及如何塑造社会、市场和个体生活。

通过运用过去十年所建立起来的庞大数据及研究，我们对流行趋势进行了系统的估量。这包含从消费者态度和行为角度对现实情况进行的综合分析与理解。必要时，会运用基本的研究技术来对我们的建议进行验证和改善。最终，我们的目的在于提供出清晰的、适于实施的建议，它具有预测性并与未来发展相一致。

了解不断变化的消费者需求和行为

我们专门对社会和经济趋势进行定量和稳健的分析研究；客户可以对我们的趋势数据充满信心，因为这些数据来自于我们多年专有的定量研究。我们每年开展两次研究，涉及欧洲及欧洲以外的两万多名消费者。这种多年积累起来的流行趋势数据财富，可以使我们有能力迅速收集全面的、前后关联的数据，为任何项目奠定稳固的基础。

经济趋势和海量数据资讯

我们的益百利（Experian）总公司可以为我们提供大量的深入数据（例如社会人口学细分工具——全球资讯网的浏览工具（Mosaic）、目标群体指数（TGI）、客流量（Footfall）、国际市场研究公司（Mori）、数据分析公司福雷斯特（Forrester）。我们也可以通过与商业战略部（Business Strategies）的联网获得高端经济的预测数据。商业战略部是益百利集团公司的一部分，它从雇佣、产量、消费支出、投资、财产和资产市场等方面，对当地、全国和全球经济开展当前定位与未来预测的模型构建工作。

与益百利公司的关系使我们有机会接触到世界各国、各地区和个别层面中不同经济和市场方面的最新数据，这是我们工作的独特资源。这也使我们加入到一个全球范围内拥有超过300名研究员、分析员和顾问的团队。

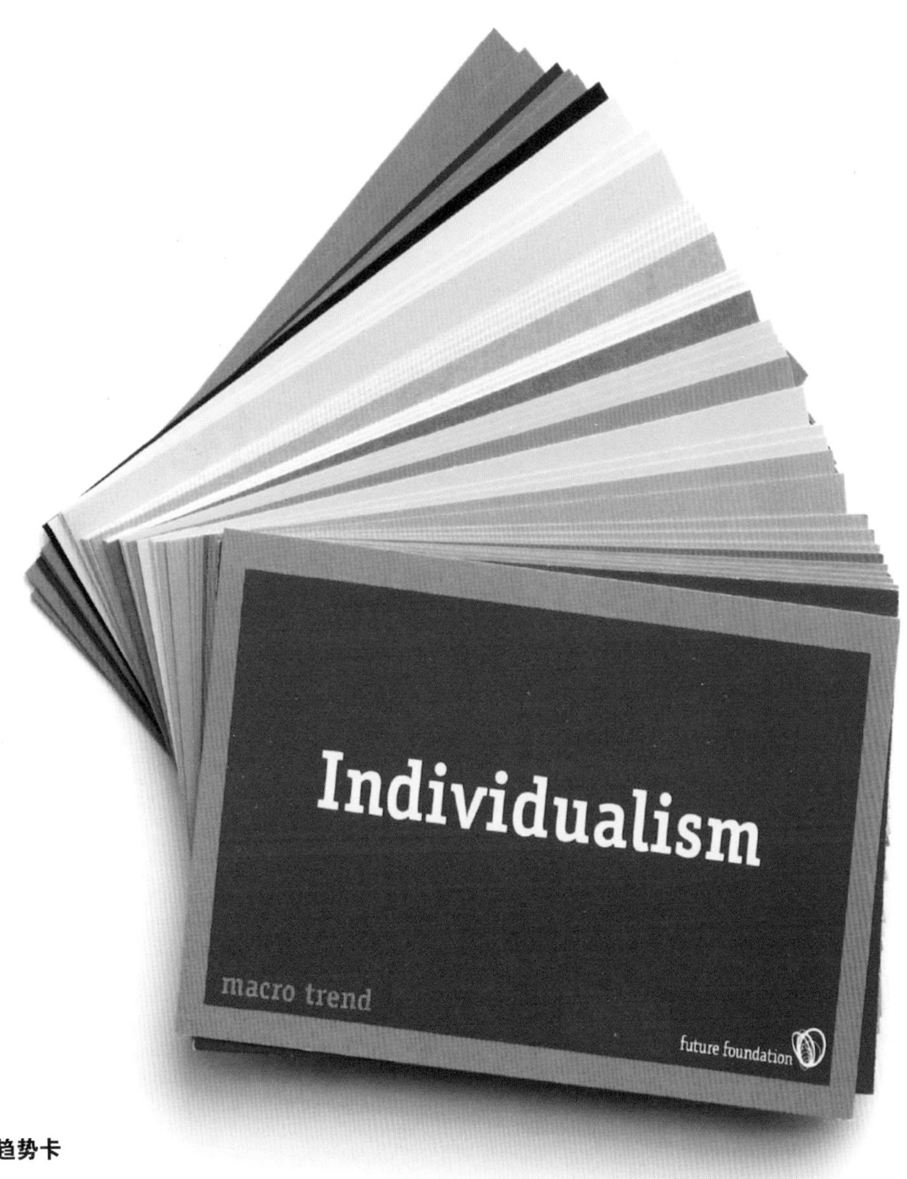

流行趋势卡

聚焦和预测未来的专项技术

由于我们对潮流趋势的了解和监控，我们可以理解消费者按照他们的方式行事的原因。因此，在从当前态度和行为的角度对消费者行为进行预期和预测方面，我们具有独特的优势。

我们的多视角（nVision）服务包含着五百多种定性的预测，包括所使用的技术、消费模式、经济学指标，还包括一系列核心的价值观和态度。我们也开展预测定制业务。

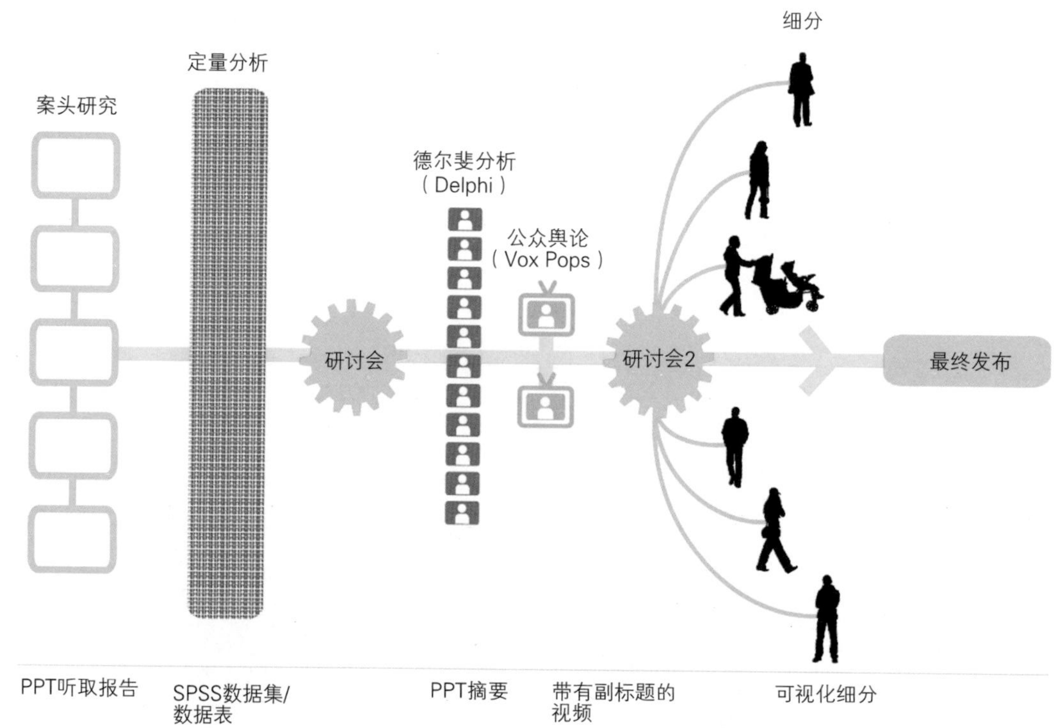

译者注：

德尔斐（Delphi）是著名的宝兰（Borland）公司开发的可视化软件开发工具。“真正的程序员用C语言，聪明的程序员用德尔斐”，这句话是对德尔斐最经典、最实在的描述。德尔斐被称为第四代编程语言，它具有简单、高效、功能强大等特点。

我们“多视角” 趋势的数据库定制

多视角是我们的知识数据库，将流行趋势、研究、分析和展望通过互联网传递给大约150个公司用户。除了我们的专项研究之外，该数据库还涉及120多个产业、政府和学术资源，包括Time Use和欧洲社会调查（European Social Survey）。在提供宏观趋势独特见解的同时，多视角也提供了有关特殊目标群体、国家（地区）或者商业机构的详细数据。

咨询公司

我们每年要与来自英国和世界范围内的60家公司一起合作，而且在特别顾问项目方面涵盖了战略、营销和通信、创新和新产品开发、未来验证、预测、前景规划、市场筹划和思想领导力(Thought leadership,管理学术语）。后者与特定主题或新趋势有关，常常提供与众不同的交际活动平台。我们运用各种各样的技术按照客户要求进行定制服务。

我们提供诸多方面的特定咨询概要，例如预测、创新和新产品开发，未来验证战略和市场筹划。我们常常也针对特定问题或新涌现的趋势推出思想领导力项目，为交流活动提供与众不同的平台。

潮流快讯研讨会上与客户在一起

广泛运用定量和定性研究

除分析从多视角中获得原始的专项研究数据外，我们常常为客户设定最初的研究方案，涉及设计、方法论、洞察力的诠释与传达。 我们擅长使用一系列的定性研究技术，并且常常在这类研究中采用创新的方法。

长期远景方案的规划

我们的许多客户对于长期远景很感兴趣，更多关注中期预测和远景规划中不可预知的事物。因此，我们实施远景规划，以使组织对未来进行的预期和规划更加有效。这一过程突出对变化因素和相关的不确定性因素的控制，并对组织未来发展走向给予关注。因此，我们提出一系列未来可能性研究，以便组织对发展变化做好预期、准备或管理。

建模与预测

通过我们的技术平台及与其他组织机构的联系，我们可以提供超出传统定性技术研究范围的强有力的数学工具来研究各案例。这些工具包括模糊聚类、非线性建模、基于主体的建模以及蒙特卡罗模拟。以下是我们所做的一些案例：通过寻找新的细分市场促使店铺作出选址决策［与沃尔沃斯（Woolworths）合作］；对于家用废弃物和电力需求进行建模［与英国的环境、食品与乡村事务部（Defra）合作］；不同国籍旅游者消费能力对于汇率变化带来的影响［与汉普顿宫（History Royal Palaces）合作］；区域性和国家性报刊的作用及理想的价格战略［与镜报集团（Trinity Mirror）合作］。

最近的预测项目包括李施德林（Listerine）公司未来口腔护理，IPA代理和广告推广，未来10年展望，NS&I——50年储蓄，Defra——废弃物的未来管理。

视觉形象化（Visualise）

我们业务的另一个重要方面是对于主要趋势进行视觉形象化表现，以一种引人入胜和意味深长的方式引入人们的生活。我们意识到深刻理解形象化展示对于它们的有效传达至关重要，我们已经与皇家艺术学院建立起一种独特的关系，以创造出引人注目和新颖的视觉传达工具。

“变化中的生活”会议

译者注：

沃尔沃斯：澳大利亚最大的食品零售商；

Defra：英国的环境、食品与乡村事务部Department for Environment，Food and Runal Affairs的缩写

Trinity Mirror：镜报集团,英国最大的报业集团。

Listerine：李施德林，生产利斯特防腐液公司。

IPA：综合意外伤害保险。

NS&I：国际储蓄投资公司。

国内会议

坎特伯瑞（Canterbury）未来研讨会的照片（借助于地图和可视化手段）

预测与产品设计案例研究——汽车业

创意情报应用于汽车业

在对任何产品的未来进行验证的过程中，对其未来的可视化形象进行定义是必不可少的。可以聘请预测公司沿着市场调研的轨迹建立起反映社会变迁的画面，形象地理解消费者如何被产品和品牌吸引。

从社会和技术变革中探寻趋势走向（Trends developing from societal and technological change）

汽车业必须提前很多年进行规划，因此，委托报告要涵盖社会变迁和技术发展的所有方面。报告涉及的相关问题有经济、政治、社会、人口统计学、资源和自然环境、人口迁移、空间发展资讯、交流与见闻等。因为汽车市场现在已成为成熟的市场，在西欧已不可能期望其有较高的成长率；交通拥堵的压力、环境和资源的压力迫使每一个生产制造商在新车型的研发中思考，对于他们来说究竟什么是最有意义的因素。

研究表明，尽管未来社会将会是充满流动性的，但是它仍然会面临着被老龄化消费者支配的局面；他们的研究结果还表明，未来社会中的三大趋势是：日益增大的社会差距，越来越明显的经济不安全感以及犯罪率的上升和社会情感纽带的断裂。

他们在行业环境中将面临的挑战是竞争日益加剧，增长将几乎全部来自于不断涌现的国外市场。市场将由许许多多的小众化潜在市场构成。

产品的情感诉求

汽车和产品制造商日益就其产品如何与消费者进行情感联络展开了研究。一辆汽车与它的所有者之间的关系是多么重要，就汽车设计而言，懂得这一点就可以创造出充满趣味的设计。例如，许多人给他们的汽车取名。这表明，就人们与一个交通工具之间联系的表达而言，前灯和栅格的设计影响到人们对汽车的看法。“Somatamorphism”是用来描述人类在辨识事物时把对方看做是鲜活生命体的一个术语。

研究表明，人们把他们的车看做是各种各样的事物，如茧、宁静的绿洲、思考空间和勾起童年回忆的野餐区；汽车常常会带给人们一种美好的感觉。人们发现，引擎的声音具有安慰作用，人们也相信他们所购买的汽车像人一样在诉说他们自己的故事。 研究还表明，这些潜在的影响因素定义出其潜在市场。例如，如果老龄化人口具有购买力，这就决定了产品在造型、色彩表现和内饰细节方面具有了老年人的特点。

在将这些理论应用于其他产品领域时，预测公司有必要明白为什么消费者需要识别某类品牌及其价值，以及消费者以何种方式与产品建立联系。

趋势分析公司

未来实验室（THE FUTURE LABORATORY）

www.thefuturelaboratory.com

该公司成立于2001年。它以预测潮流、洞察消费者行为和品牌化战略而闻名。

该公司在“生命符号网络（Lifesigns Network）”中拥有一个3000人的内部趋势分析师和人种学研究员团队。针对未来消费者以及如何锁定未来消费者，他们为客户提供定性和定量的深度分析。零售、技术、财经、汽车、饮食、时尚和创意产业的客户可获得每日、每周和每季的新闻速递、透视报道、市场分析、战略文件和品牌个性化评估，以确保其品牌始终保持在业界的前沿。

费斯·波普康（FAITH POPCORN）

www.faithpopcorn.com

该公司以其趋势研发和发行可以勾勒出生活方式潮流的出版物而闻名。它隶属于头脑储备（Brain Reserve）公司。

三十多年来，它为公司定位、战略规划、新产品和消费者关键（译者注：管理学术语）方面提供新思路。

公司监测着文化的脉动，通过对潮流的参考与借鉴，帮助客户使其品牌在文化方面与未来相契合。

潮流观察（TRENDWATCHING）

www.trendwatching.com

该公司成立于2002年，它的总部设在荷兰首都阿姆斯特丹。潮流观察是一家独立的流行公司，扫描全球消费者趋势、消费者见解及相关的商业理念。他们在七十多个国家和地区拥有超过8,000个流行趋势观察员。他们的调查以一种免费的每月趋势简报形式进行传播，寄发至超过120个国家的160,000多位商业从业人士手中。他们的趋势调研结果将有助于市场营销人员、企业决策者、调研人员以及任何对商业未来和消费主义感兴趣的人们开发新产品、拓展服务，增加他们与消费者打交道的经验。

亨利中心/消费者调查中心（HENLEY CENTRE/HEADLIGHTISION）

www.hchlv.com

该公司出现于2005年，它拥有预测全球流行趋势和对市场前景深度分析的强大平台，在三大洲设有办事处。

他们是以情报和调研为引领的咨询机构。他们将创造力与高度严谨合二为一，通过产品来“解码”透视，使问题更加明朗，并准许客户按照他们制订的方案来行动。

他们的情报资源提供了对于全世界消费者行为和动机发生改变的透视分析。他们还提供以下信息：组织和嵌入，情景和未来分析，建模和展望，面向未来的定性研究，验证未来的市场细分，以及深具洞察力的创新。

本章举例说明了在时尚预测行业中的一些“重要机构”，并说明他们在特定年份中所起的作用，以及他们为时尚行业提供的服务。

第一家公司，这里和那里（Here & There）位于美国纽约市，它的大多数客户集中于美国本土和远东地区。正如他们的名字所暗示的那样，他们收集流行情报，例如从“那里”（意为欧洲）和“这里”（意为美国本土）获得设计师的T台秀、零售畅销单品和街头时尚信息。

他们最独特的卖点之一是将两大洲的设计师时尚进行对比。他们还报道从远东地区收集到的流行情报。“这里和那里”作为一种传统的时尚预测咨询机构而存在，主要生产出版物，以插图的方式诠释他们所发现的流行情报；他们主要以男装和女装为主。他们只在网页中为注册用户重点补充这种及时获得的最新信息，并不断进行更新。作为他们每年订阅的一部分，商业咨询机构将会为客户提供“一对一”的会议，这期间客户需要订制专门的信息情报以及与他们的市场和定位人群相关的预测资料。

英国一个具有相当级别的公司，穆德佩设计（Mudpie Design），将主要重心全部放在他们的网页上，MPD 点击(MPD Click)只针对注册用户，然而，他们不包括卖场的廓形信息，注册用户需要购买他们的出版物以获得这种鲜活的资讯。穆德佩设计的主要特点是，其情报和预测主要针对那些以儿童和青少年市场为主的公司。它利用男装和女装情报来预测这些更年轻化的市场。穆德佩也为客户提供专门定制的咨询服务。

沃斯全球时尚网（WGSN，Worth Global Style Network）

沃斯全球时尚网是英国另一个研发机构，为Emap集团所有，无论如何，它被公认为全球领先的在线服务机构，为时尚、设计和造型行业提供在线调研、趋势分析和新闻资讯。

沃斯全球时尚网在全球范围内雇佣了200名具有创意和编辑能力的人员，组成一个工作团队，他们与作家、摄影师、调研员、分析师和趋势观察员一起工作，从最新开张的店铺、设计师、品牌、趋势和商业创新中收集情报。不过这里只提供订阅业务，没有补充出版物或顾问咨询会议。

国际公司订阅服务包括许多与时尚相关的行业的需求调研、分析和新闻资讯，而且还包括新近涌现的造型潮流情报。

沃斯全球时尚网的总部设在伦敦，通过在纽约、中国香港、首尔、洛杉矶、墨尔本和东京设立办事处，真实地展现出他们放眼全球的视野。

卡琳（Carlin）、流行情报站（Trendstop）和巴克莱尔（Peclers）更多的是定位于案例研究的访谈，并以一个流行情报站的趋势观察员的“一日生活”为特色。流行情报站以伦敦为主，卡琳的案例研究则以巴黎工作室的访谈为特色。

露西·海利（Lucy　Hailey），是巴克莱尔的一个商业伙伴，她就流行趋势预测方面的从业经验接受了采访。

接下来，是一个名为概念（Concepts）的专业公司，聚焦于内衣的趋势书籍、介绍与咨询。

此外，还有一系列其他的重要机构，例如李·埃德库特（Li Edelkoort）、 普罗摩斯特公司（Promostyl）、瑞典信息情报检索公司（Info-mat）、 米洛·科特（Milou　Ket）、娜丽·罗荻设计事务所（Nelly Rodi）、国际时尚资讯机构（Fashion Snoops）、色彩组合（Color Portfolio）、基于网络的时尚视线（Stylesight）和时尚透镜（Stylelens）、英国詹金斯（Jenkins）报道和时尚预测，还有品牌新世界（Brandnewworld）、潮流圣经（Trendbible）以及KM咨询机代理公司。

这里和那里——多格纳国际（Doneger International）的分支。

“这里和那里”是一个位于纽约市的美国时尚预测机构，它属于更大的企业——多格纳集团。该集团主要为零售商和时尚企业给出领先全美的全球市场趋势和营销战略资讯。它的网络市场、趋势和颜色预测以专业化的水平为客户提供产品和商业规划的分析与方向。他们围绕着设计、研发、营销环节的所有阶段展开工作。

其信息情报涉及所有服装和配饰品的市场，包括对欧美国家的零售与批发。对于男女装和童装市场都进行了分析，还包括对于重要的纺织品、贸易展会的参与及相关报道。

集团能够从满足每个客户业务需要的角度制作单独的流行情报。

集团通过与亨利多格纳协会（Henry Doneger Associates）的磋商，提供专业的营销知识，并通过HAD国际,从一些位于美国的生产制造商和进口商那里寻找货源及产品开发的机会。

他们的趋势服务包括多格纳创意服务（Doneger creative services），集团的趋势和预测部门通过印刷出版物、在线资讯和现场展示，覆盖了男装、女装、年轻人的服装、饰品和生活方式市场。该部门致力于满足零售商、生产制造商和其他与生活方式相关的业务需求。玛吉特（Margit）为企业提供与生活方式相关的趋势服务和时尚出版物，包括为时尚和家居提供色彩趋势的潘东（Pantone）色彩系统。

托比（Tobe）是一个提供国际时尚零售咨询服务的机构，以托比报道（Tobe Report）而闻名，为美国的零售商提供趋势和商业分析。

但是正是“这里和那里”做了更好的、细致入微的工作。他们凭借30年来的趋势预测与报道的丰富经验成为了时尚情报业的先锋。

凯·修（Kai Chow）是“这里和那里”的创意核心人物，23年来，与一个由机构内部的设计师、分析员和顾问构成的团队进行协作，提供色彩、生活方式、面料和印花图案方面的预测，以及零售、T台、贸易展会和街头时装报道。他们还提供12期的出版物、8张汇集设计师系列发布会的CD、不间断的在线报道、个性化的咨询和资料图书馆服务。

这里和那里

每年的订阅服务提供：

预测—色彩盒集（The Color Cubicle）——该产品每年会推出两次季节性的色彩趋势，比销售季节提前两年。盒集会针对每一个色彩故事给出一个清晰明了的说明。它也指出了色彩混合(在盒盖上)和具有导向性的营销战略。在盒子里还有为设计师准备的纱线以供他们进行自己的操作和配色。

它包括了两个色彩盒集——春/夏季（以棉纱的形式呈现）和秋/冬季(以毛纱的形式呈现)，每季有45种色彩，按照色系和色阶来排列。

色卡也被插入盒集中，与情绪基调板一起，对“故事”细枝末节的展开进行更详细地说明。

THE COLOR CUBICLE® FALL
WINTER '08-'09
here&there

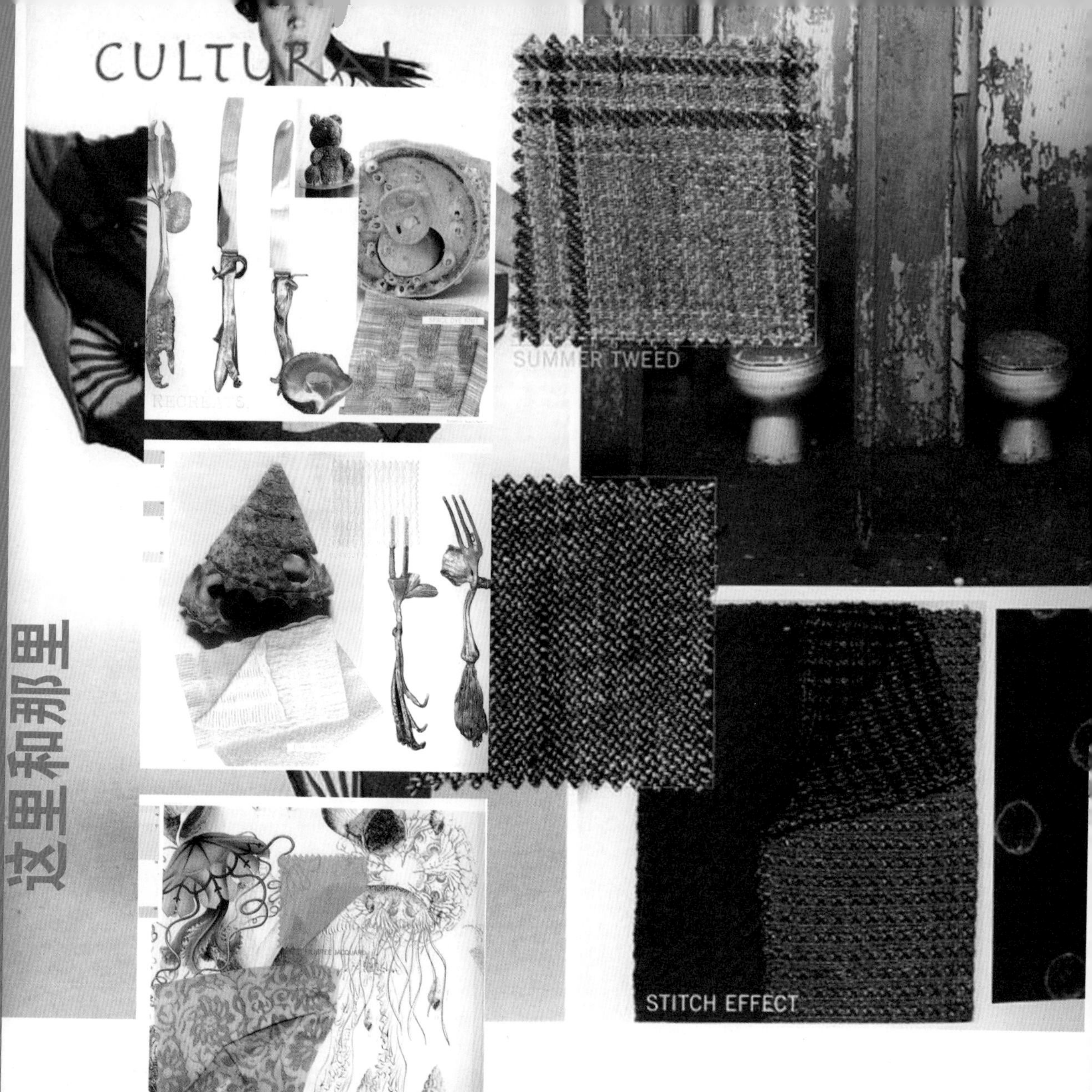

预测第一部分

本书包括主题、机织、针织与印花图案；这是一本基于概念来预测生活方式主题、面料和印花图案的书籍。它几乎总是限定为四个主题，围绕着色彩盒集中的色系和色彩变化工作。这本出版物比当季提前17个月来开发创意思维过程。

它包括两册出版物——春/夏季和秋/冬季，对于生活方式和面料的主题总揽；针织和印花图案；基础色和色彩混合，运用相关的面料小样表达概念化的图像；出版物的索引可以成为进一步获取灵感的参考来源。

Joh.KOOIMA.

45

STRAATMAN ENSEMB

BLEACH EFFECT

TIE DYE

预测第二部分

廓型方面的书籍主要围绕着色彩盒集（the Color Cubicle）和预测第一部分来确定每季的关键廓型。廓型以整身效果的插图和注明细节的平面结构图的形式进行呈现。这里也可以提供鞋子、配饰和化妆品的潮流走向，以绘画和照片的形式进行表现。它包括两本出版物——春/夏季和秋/冬季；主题性的廓型总揽，经过提炼的色彩系列；经过编辑整理的面料展示；按主题划分的关键单品；超过400幅详细的平面结构图和插图；主题性的配饰和化妆品方面的综述。

“这里和那里”的画作是运用Adobe Photoshop和Illustrator软件进行创作的。在不同的插图画家的手中，每个主题都被特别赋予了不同的喜好。每个主题通常是从一组四个故事中推衍而来的——例如，着眼于具有浪漫主义气质的人之间的关系——安详与幼稚。

每一季都以“季节一瞥”的形式进行概要性的介绍。特定的季节则可以按以下的形式展开：

“观察世界,你看到了什么？如果你近距离地去看、真切地去听的话，你将会注意到每天的日常生活，慢慢在为时下的潮流脉搏赋予能量。一股意识流正在荡涤着整个社会，一并带来所有的元素，慢慢进行着转换。我们的时代正是变化事物之一。从今天的自然美学观到明天令人激动的创新，世界从一种社会化和担负环保责任的角度进行重新建构。运用光滑的现代感的线条，并以最单纯的造型来反映太空感。工业和生态学在本季中以一种个性化的创新方式融合在一起。这种杂交混合产物运用未来的生物技术，将现有的重要元素进行整合。善待生态环境的牢固基础为创新铺平了道路，点燃了革命的进程。这种转变可以被看做是一个重新演绎陈旧过去、同时为未来打下基础的过程。”

这段陈述从社会的、政治的、经济的、艺术的和文化的角度勾画出了“大体”的潮流趋向。它与直接影响时尚的“生活方式”息息相关：

“浪漫主义者是一个典范阶层，混合了细腻的、女性化的特质和青春无邪的稚嫩。一种来自于高级女装的手工艺特色的‘恬静’纯美，正因其‘清纯无邪’的影响力而留存于乡村宜人的空气之中。现代主义者的态度‘充满活力’地表现为色彩的迸发，酣畅淋漓地具体化为‘基础的’层次，其最高形式则表现为精致。‘自然主义者’是一个发现的过程，挖掘‘富足’的历史，一种富有异国情调和高雅格调的文化。在外表之下隐约显现着神秘的‘幽灵’，以精致低调的方式铺陈出来，并通过面料的悬垂显露出一种自然的优雅。在形式主义者的故事中，‘节奏’重构了休闲的基调，而‘结构’方面则将别致的魅力与男装定制进行对比。”

浪漫主义者宝宝衫的大衣

浪漫主义的内衣

农民风貌的衬衫

露西针织晚礼服和衬裙

活力四射

苗条而性感　运动外套　弹性连衣裙　色块泳装　风貌夹克裙

女性化的庆典活动将带来内衣外穿，打底衫成为外穿服装，一种高级定制与童真无邪混合在一起的浪漫主题童话。曾经隐藏在内的蕾丝内衣与荷叶边的装饰一起出现在甜美性感的裙装中。衬裙和紧身内衣不过是打底而已。一件令人联想起维多利亚时代的基裙，与日久褪色的提花宝贝夹克衫松散而优雅地叠穿在一起。

精致、现代与天真的柔和混搭使网眼针织衫和钩花开衫联袂成双。农民风貌衬衫采用了飘动的束腰外衣廓型，细节处饰以胸前褶皱和育克给人以迷人的、诱惑的感觉。古典制作工艺的触感是通过钩眼扣合的方式来区别的；绑扎的丝带和文胸肩带使这一恬静风貌最终表现为恋爱韵事。

功能性

迷你外套　帝政时代高腰样式天幕裙　高级订制套装　适度的紧身鞘形裙　短风衣

小女孩的梦想来到现实生活中，表现为亮丽的色调、异想天开的印花和棉质薄纱的睡裙，这种曾经的乡村画面转变为一种令人赏心悦目的现代感；一种轻松柔和感油然而生。以碎褶和钩花边饰为工艺特色的女式贴身背心裙，与精制的染色纱线相配。女性化的牛仔面料暗示出一种随意的浪漫。

驾轻就熟的甜美，恬静多层的罩衫是该主题的核心，荷叶边、蝴蝶结和布包扣充斥其中。无袖罩裙充满了活力，除了传统的泳装外，似乎一切都唤醒了夏日的微笑。腰部褶边、泡泡袖和层裙出现在每一个环节中，暗示着一种轻盈而鲜活的核心精神。

活力四射

现代主义

苗条而性感　运动外套　弹性连衣裙　色块泳装　风貌夹克裙

色彩斑斓、充满活力的态度将现代眼光融入到这个故事中。明亮的色彩和高科技感的面料呈现出一幅青春的画面。功能性设计创造出直线条、光滑和轻松的感觉。来自于运动的影响因素在当季设计中十分鲜明地体现出来，表现为色彩、印花图案和面料的大胆运用。造型则采用摩登风貌，以迷你的舍弗特裙装（无腰线直筒连衣裙）和紧身牛仔为具体表现。

极富趣味的极简设计，细节极少，表现为生动的印花图案与针织面料简单地叠缝，通过松紧带束腰夹克衫和系带外衣释放出活力。高科技感的风帽夹克衫使活泼的一面充分地显现出来，而造型感极强的布雷泽外套又将所有这一切向别致的都市格调推进。从定制的西装到极富运动感的外套，这种活力四射的风貌又以一种尖锐绚丽的色彩将性感与街头味道融合在一起。

功能性

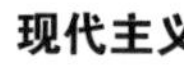

现代主义

迷你外套　帝政时代高腰样式天幕裙　高级订制套装　适度的紧身鞘形裙　短风衣

近郊女孩走进现代都市中，是一幅正统样式的完美呈现。从头到脚的别致被定义为淑女感的箱形套装，搭配以轻盈的色彩和面料。高级定制感凭借着手工制作的感觉表现在每一个细节处。鲜艳的面料和古雅的色彩，机织上衣以马鞍形育克和插肩袖为特色，洋溢出一种女性化的气息。

从硬朗感觉中释放出来，体现出柔和的味道，天幕裙腰线上升至帝政样式的高度，装饰以绑带高跟鞋和袖珍手袋，使人联想起娴静的感觉，主题从根本上体现出了一种大都市精神，并将它与当代视野相融合。

结构感 **形式主义者**

极窄瘦的夹克　束腰大衣　紧身而苗条　机器人外观的连衣裙　网络（图案）迷你裙

解剖学的故事揭示出一种对结构的需要，一种对休闲与正式服装的特意组合。该款式沉浸在男性化的阳刚曲线中，在对比感背后呈现出一种全新的怀旧时尚，将无光泽的黯淡感与缎子并置在一起，以璀璨的宝石作为强调，紧身胸衣则隐藏于夹克之下，暗示出一种性感的诉求，线条感隐约浮动于表面之下。定制西装的味道十足，去掉正式的条纹裤子，男装感觉占了上风。晚装的吸引力在于为连衣裙营造出一种闪光感，而暗淡的面料则散发出一种商业化的气息。套装给人一种稳重感，而闪光的细节使这段故事充满了魔幻的魅力。

节奏 **形式主义者**

可回收再利用的束腰外衣

改制的POLO衫

两折的连衣裙

都市三件套

街头派克大衣

重构经典可以为最基本的设计元素带来新的视点。有创造力且具有先进性，手工的方式为这种风貌带来一抹亮丽的色彩。运用亚麻、棉和花呢编织靛蓝色。排版形式中也传达出一种街头时装的气息。嬉皮，前卫与本色，这种以都市为灵感的混合体，将新型缉缝与色块、功能性与艺术感、品牌标识与数字搭配在一起；抽带和绳子与扣袢、皮瓣和肩带进行组合。从创新的角度来看，可回收的元素提供了新造型外观：兜帽连衣裙、超大号的上衣和实用的围裙样式。斜纹布是基础材料。手绘、染色和丝网印，上身配以改制的POLO衫和机织T恤，这种廓型是从艺术品的角度与日常休闲装手工缝合在一起而获得的。

富足

自然主义者

充满异国情调的外形

雕塑感的外套

过度膨胀的衬衫

蓬蓬裙

束带长外衣

洋溢着异国情调与优雅样式，上等阶层的身份以前所未有的雅致手工方式表达出来。 极具雕塑感的套装站到了以魅力定义的潮流前沿。甜美感觉的泡泡袖都变大了。肩部被赋予了圆润的曲线。日装裙和晚礼服裙都以传统的方式建构起来，点缀以散落的珠宝首饰，散发着古老的气息。

幽灵

自然主义者

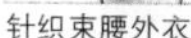
针织束腰外衣

雕塑感的大衣

围裙式连衣裙

褶子游戏

简单层次

轻声诉说一个新浪漫主义的传说，在冥冥之中深切体会这种感受，自然元素被赋予了一种阴暗的形态，与精致的、根深蒂固的低调层叠在一起。自然优雅地打褶，富有悬垂感的面料是该故事的灵魂。连衣裙被裁成不对称的样式，昏黄色的宽松开衫膨胀起来、拉长的夹克饰以堆叠而下的领子，具有异乎寻常的戏剧感。

穿戴考究的方法就是随意穿着：旗袍立领被安放在简单的束腰短款针织衫、贴袋裙和飘逸的棉针织褶锏裙之上，自由感以一种个性化的方式进行勾画，从暗淡的现实中转化而来，包裹于充满视错感的罩衫里。既可爱迷人又令人记忆犹新，幽灵就像变魔术一般变出热情，强化了美感与姿态之间的结合。

形式主义者

色彩——具有结构感的经典混搭

标准亮色与工业感深色一起加入白色

色彩——节奏休闲与基本

标准亮色与植物染色一起加入白色

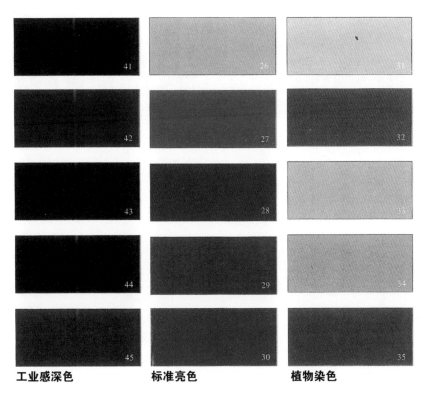

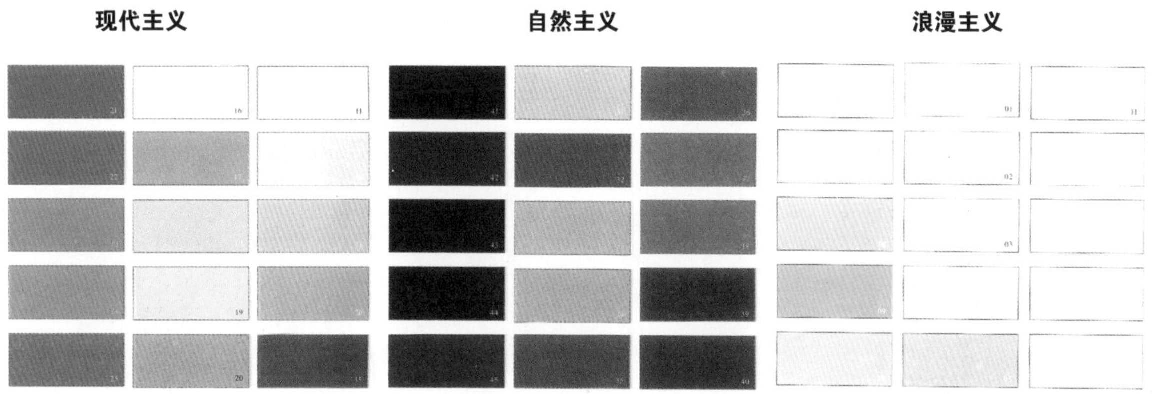

面料

自然感和街头气息

麻——帆布。植物染色。大麻，原生。

棉——植物色淀。靛蓝染色。随意染色。

粗花呢——热带感的。手摇纺织机。超大的格子。

衬衫——拔染印花。男装。

棉针织——套染。扎染。漂白效果。

斜纹布——亮色。罩印。麻质。

针织——回归条纹。多彩的色彩。

印花和图形

都市感和艺术感

排版形式——数字和信息。

标识——街头标志。工业感标识。

扎染——日本或非洲的蓝印花。

关键单品

实用感和街头感

夹克——超大号的女罩衫。箱形实用功能。截短的针织短上衣（斯宾塞，spencer）

连衣裙——实用围兜。兜帽。多层塔克。

上衣——改制的POLO衫。量感剪裁。机织T恤。

束腰外衣——面料拼接。

牛仔裤——手工牛仔(手工缝制的口袋，皮质带子)

T恤——套染。匹染。涂料染色。筛网印花。原边。

斜纹布——围兜式短裙。画家连体工装裤。排水管工牛仔裤。手工感。

细节

功能性和家庭自制

襻和门襟

针织与机织拼接

滚边和镶边

镶嵌和拼色

实用肩带和门襟

抽拉绳带

手缝和缉缝

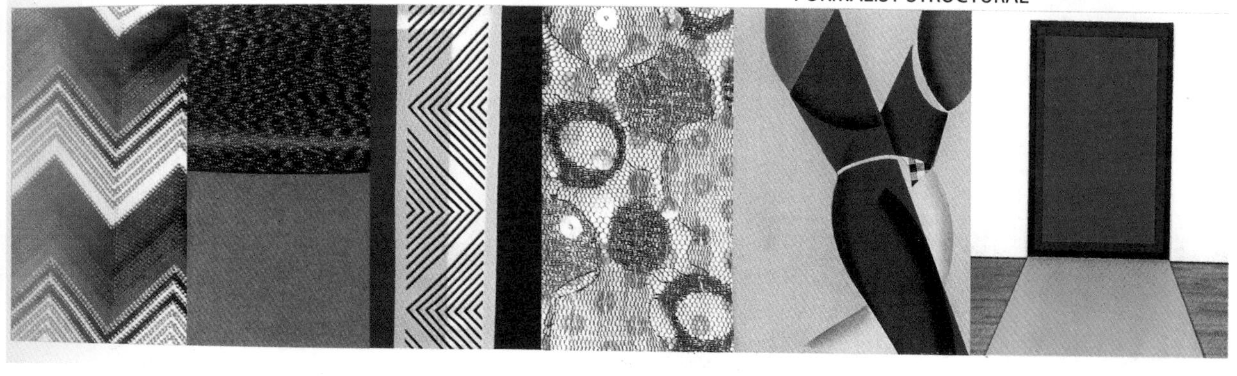

面料

工业感和整洁

聚酯纤维——微纤维。美感和功能性。

醋酯纤维——光洁和顺滑。

金属——卢勒克斯织物（Lurex）。稀有金属。钢。

黏胶纤维——丝感。光滑。

丝——魅力。印花。缎纹。

华达呢——光滑。弹性。涤纶混纺。莱卡。

提花织物——迷你软缎。几何型。

府绸——弹性。

衬衫面料——男装条纹。

棉针织布——弹性。金属感。光泽。

斜纹布——聚酯纤维混纺织物。

印花与图形

几何感和艺术感

条纹——灵感来源于20世纪30年代。侦探。

几何——风格派（de Stijl）。灵感来源于包豪斯（当时的设计巨头）。抽象图形。

关键单品

定制和时尚感

大衣——束腰。被拉长的感觉。

夹克——苗条、纤细。

套装——紧身裤套装。贴体。

裤——热裤。紧贴皮肤。短款。高腰。

短裙——A型迷你裙。

连衣裙——网络感迷你裙。机器人感连衣裙。

上衣——集中感塔克与贝壳褶。几何形缉缝线。

紧体套装——截短。色块。泳装式连体套装。

细节

男装和图形

雕塑感的拼缝和块面感。

超大号拉链。

金属饰边。

信封口袋。

暗袋。

皮革饰边。

色块。

这里和那里

低腰工装裤

手工缝制的口袋

手工制牛仔裤

本页中的文字图示表明了形式主义者主题经过提炼后的色系，能够展现出廓型和比例关系的主题和平面结构图的关键服装单品。

你可以在背景中发现更多有助于对主题加深理解的图片，并对服装风貌带来启发。

插图中所绘制的姿态有意选取了与主题相关的态度。整体风貌显得十分年轻、休闲、实用和都市感。

这里和那里

束腰带

超大号领子

抽带

街头派克

都市组合

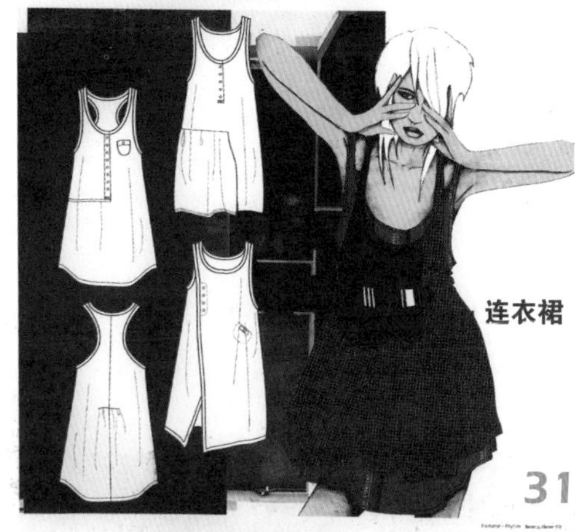

连衣裙

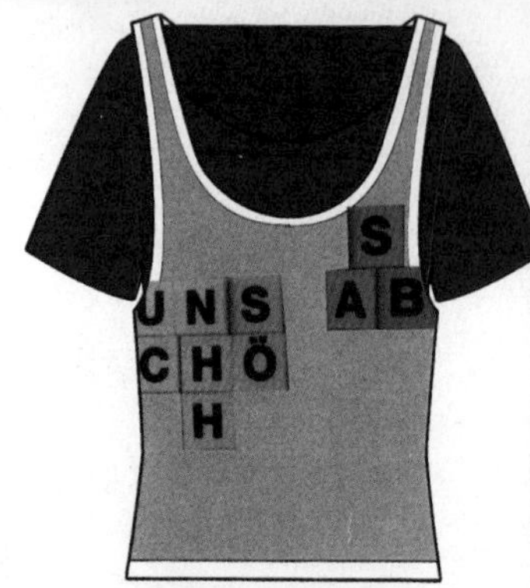

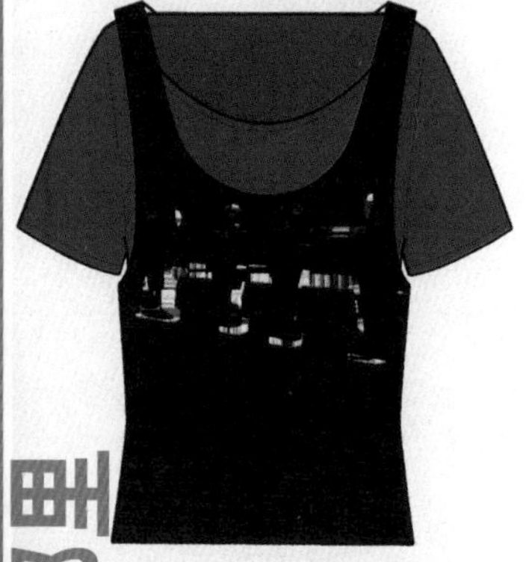

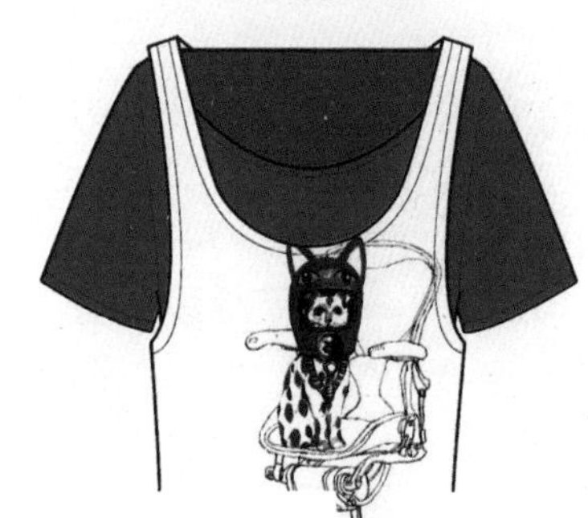

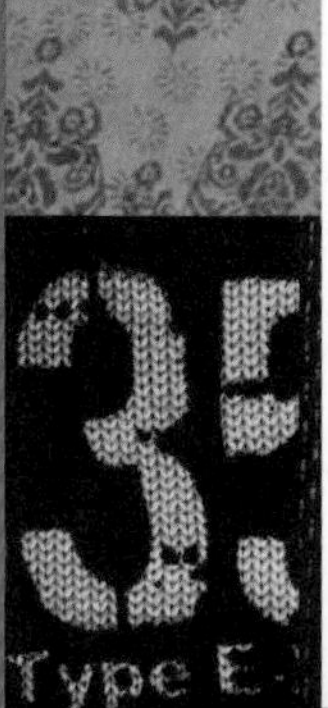

报道

面料展会——概述包含了来自于国际上主要的国际纱线展、纺织品和装饰品展会的面料小样、装饰物样品和印花图案。纱线和面料以主题的形式呈现出来，还附有相关的时尚图片以及最新的廓型插图和平面结构图。

它包括两本出版物——春/夏季和秋/冬季；涵盖了法国巴黎国际纱线展（Expofil）、意大利佛罗伦萨国际纱线展（Pitti Filati）、国际纺织联网（I–Textile）、欧洲评论（European Review）、法国巴黎面料展(Premiere Vision)、米兰国际服装面料展览会（Moda In）、意大利普拉托纺织品展（Prato Expo）、法国国际面料展（Texworld）和香港国际面料及辅料展（Asia Interstoff）等国际展会的详细报道；还包括前沿公司所研发的面料、纱线和装饰品的样品和图片；每一种面料小样的详细信息，包括生产厂家、成分、幅宽和价格；从预测第二部分中获得的对廓型的进一步诠释。纺织厂指南手册，是一本关于纱线、面料、装饰物资源及其在美国办事处的完整信息索引。

BARCELONA

FLORENCE

BARCELONA

零售细节与纸样制作者

本书中包括了来自世界各地零售卖场的图片报道。它按照城市、色彩、主题、和单品的分类提供了销售分析；买来样衣并将其转化成为产品工艺单，可以随时借给客户。

它包括两本出版物——春/夏季和秋/冬季；按城市、色彩和主题进行的零售商品分析；按照销售目录集中报道关键单品；从国际上购得的、具有潮流导向作用样品的详细平面结构图和工艺单；还有按需提供的额外的服装和饰品图片。

ATTERNMAKER JACKET – OFFBEAT MILITARY

TEM Offbeat military jacket by/from Cat's Seoul.
IZE M.
ABRIC 100% Cotton.
OLOR Khaki.
ETAIL Multi-colored buttons. Lace-up leeves. Back belt.
EFERENCE #7061.

ody Width: 1" below armhole	18"
.F. Length	23 1/2"
houlder Width	14"
houlder Seam Width	4"
ottom Width	24"
rmhole Front	10 1/2"
rmhole Back	10 1/2"
leeve Length	25 1/4"
uff Height	3 3/4"
uff Width	5"
orizontal Back Neck Width	7 1/4"
eck Drop Front	4 1/2"
eck Drop Back	1/2"
ollar Height (C.B.)	1 7/8"
ollar Stand	1 5/8"
ollar Point	3 1/4"
ide Seam Length	18"

BARCELONA

FLORENCE

FLORENCE

NEW YORK

here&there

Issey Miyake
Jasmine de Milo
JC de Castelbajac
Jean Paul Gaultier
Jefen
Jeremy Scott
John Galliano
John Ribbe
Jose Castro
Josep Font
Junya Watanabe
Karl Lagerfeld
Kenzo
Lanvin
Leonard

John Galliano

Jean Paul Gau

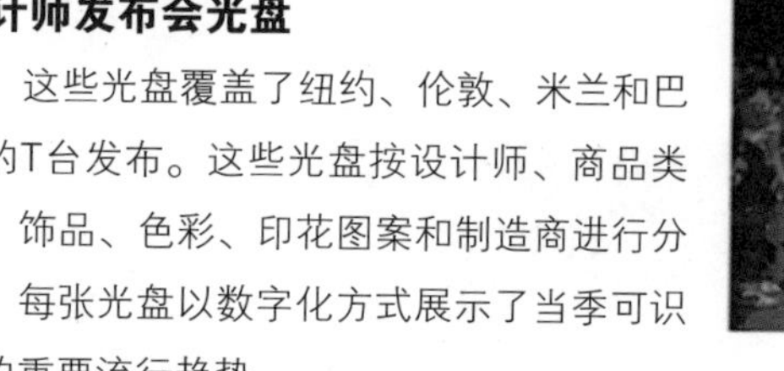

设计师发布会光盘

这些光盘覆盖了纽约、伦敦、米兰和巴黎的T台发布。这些光盘按设计师、商品类别、饰品、色彩、印花图案和制造商进行分类。每张光盘以数字化方式展示了当季可识别的重要流行趋势。

它们包括八位设计师发布会的光盘——春/夏季和秋/冬季；超过300位设计师线路产品的完整报道；按主题、商品类别、色彩、印花、面料和饰品分类的照片和为发

这里和那里

布会撰写的专栏分析；用于发表和排版的JPEG格式的图片。美国和欧洲的发布会对比——呈现了两地的发布会信息，按主题和流行趋势将他们的异同点并置在一起进行对比。它包括两本出版物——春/夏季和秋/冬季；涵盖了纽约、洛杉矶、伦敦、米兰和巴黎发布会的图片报道：按照主题和流行趋势进行女装和男装发布会的分析。

街头服装和度假服装

该书呈现了圣特洛佩斯（St Tropez）、巴黎、伦敦、纽约、洛杉矶、米兰、圣保罗和悉尼等城市的避暑度假和街头的时尚。它也包括米兰和巴黎春夏季男装发布会的报道与分析；

它包括——一本夏季的出版物；早春度假服装和街头时尚的图片报道；春夏季男装发布的图片报道，从世界各地购置的、引领潮流的样衣的详细平面结构图和工艺单。

店铺和卖场——列举了美国、欧洲和亚洲地区的精品时装屋、店铺、零售商和大型批发商。

在详尽的地图上，可以通过左邻右舍定位出引领潮流的时装屋。在网页上店铺开张和关张的信息会随时更新。

它包括——纽约、洛杉矶、伦敦、巴黎、米兰、佛罗伦萨、罗马、巴塞罗那、阿姆斯特丹、安特卫普、杜塞尔托夫、科隆和东京等城市的购物指南；超过5600个时装屋、店铺和零售商和卖家；每个相邻的店铺都是“不容错过”的。

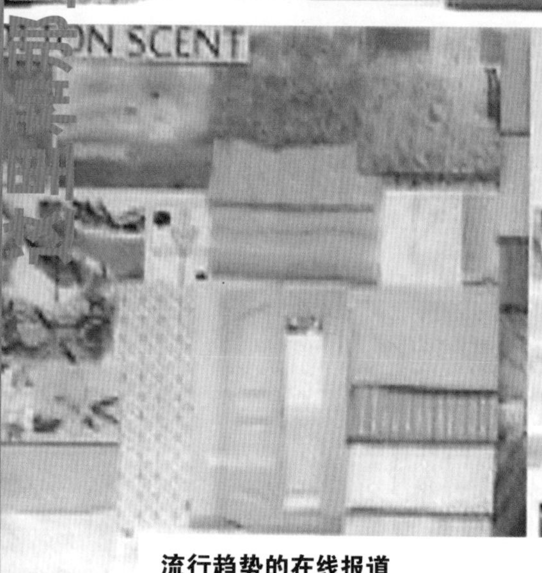

流行趋势的在线报道

这里包括——设计师发布会的图片报道；零售服装和街头服装的照片；国际面料和印花图案的详细报道；从特定市场中获取的某些特色产品和发布新闻；挨个城市地介绍购物向导和地图；纺织厂向导，是一个纱线、面料、装饰品资源的完整目录。

工作室支持

个性化的咨询——迎合顾客的特定需求。由于它们与特定的市场和产品线路建立着联系，所以会提供特定领域的咨询，包括流行趋势的总揽；为客户定制色彩、面料和印花图案的潮流导向；关键单品和畅销品的更新换代战略等。

还有：

室内展示：

面料、纱线、印花图案、色彩(三十多年来的色彩和纱线小样)。样品服装。

网络支持

零售更新。

设计师发布会报道。

贸易展会报道。

街头服装报道。

商店与卖场向导。

纺织资源向导。

穆德佩设计有限公司

search
Go
Image search »
Search tips »
mpdclick. kids.teens.tweens.youth.fashion.style.trend.info
home
news
trends
trade fairs
retail
runway
culture
resources
about us
mudpie books
registered user login
Email address
If you're not registered click here
Login
lightbox
There are currently 0 items in your lightbox.
View contents
quick links
trade fairs
retail
runway
move your pointer and select an area of interest
welcome
A subscription to mpdclick.com is the ultimate desktop intelligence resource to keep you informed of rapidly changing fashion and consumer trends.
demo
free trial
whats new ?
Trend Book
home
Go
Log out
lightbox
There are currently 15 items in your lightbox.
View contents
you have previously bought...
You currently have no registered trend books.
Register a book
SS09
Previous seasons
Buy this book
Register your book
Technical support

穆德佩（Mudpie）设计有限公司

背景

穆德佩设计有限公司

穆德佩设计有限公司，是由其首席执行官费奥纳·甄维（Fiona Jenvey）建立的，他带来了一支专门致力于年轻市场导向和服装研究的设计师和趋势分析师的国际团队。穆德佩设计的网络辐射到50个国家，包括以英国为主的大型图形和纺织品设计咨询机构。

作为一个设计咨询公司，穆德佩设计有限公司在15年前正式启动，其主要目的在于满足那些对于青少年、青年人、街头服装、各种儿童服装市场的流行趋势情报有所需求的大型零售商和供应商的设计需要。穆德佩的独特之处在于它专长于该领域，而其他流行趋势咨询机构则更多地瞄准女装领域。这已被证明为穆德佩咨询机构的流行趋势出版物及其www.mpdclick.com在线服务的成功战略。他们所关注的一切都是这些年轻人的市场。

穆德佩也为那些从青少年和年轻人中“借取流行”的时尚前卫的男女装品牌工作，常常可以看到他们所发现的潮流与设计师阿加莎·鲁兹·德·拉·普拉达（Agetha Ruiz de la Prada）、让·夏尔·德卡丝泰尔巴雅克（Jc de Castelbajac）、荷兰屋（House of Holland）和艾雷岸本（Eley Kishimoto）在国际T台上的展示不谋而合。这使得穆德佩与相当广泛的商业伙伴保持着联络，这样他们的客户就可以凭借一个定制的咨询服务、一本印刷的趋势手册或者www.mpdclick.com每日在线更新来获得更好的服务。通过提供具有极高参考价值的服务，对消费者需求作出反应，并以消费者喜爱的方式在第一时间内发送到他们手中。

穆德佩的设计和流行趋势工作室以相当快的节奏运作，以确保最新的音乐、科技和街头景象变化体现在青少年和青年人的快速变化中。

autumn / winter 0809
colour source autumn / winter 0809
cotton inc
mudpie
pantone
a diverse pallette full of intrigue
calm cool neutrals tame an orchestra of opulent hues
honing a playful yet classic arrangement
fetish du jour
Let yourself be carried away by eroticism, learn to enjoy without regrets. Voluptuous looks, subtly excessive, embodying carnal and organic luxury.
Colours pull at the weary mind. Blue and brown lead in all directions. Brown leads to rust or wood or chocolate. Blue leads to metal or plastic or the sky.

穆德佩设计有限公司

公司鼓励员工参加包括音乐节、街头活动、艺术和设计展以及季节性的贸易展会和时装秀等在内的文化活动。

费奥纳·詹维（Fiona　Jenwey）是一个具有创造力的设计者和善于分析的思想家，在全球生活方式、趋势潮流方面掌握有广博的知识。费奥纳在伦敦、纽约、哥本哈根、阿姆斯特丹、巴塞罗那和中国香港发布他的潮流趋势预测。他的研讨班会依据穆德佩品牌五季来儿童和青年人的潮流书籍及其在mdpclich.com上的在线服务为客户提供信息。

公司在巴黎国际面料展上拥有一个展位，欢迎来自世界各地的到访者。

潮流趋势

色彩和造型预测是通过对时下和未来即将出现的时尚产品和生活方式潮流的分析得来的。

穆德佩将相关图片、引导潮流的图形和潘东色卡中所参考的色系进行集中拼贴。这些资料主要用于微型报道旁，是将从贸易展会和广泛的零售资源中收集到的有用信息进行编辑，并为合作伙伴或消费者创建出来的、即时的趋势潮流报道。

穆德佩为设计师提供可以下载的、领先潮流的图形和可以使用的矢量格式的印花图案。

N ITS DISORDER CHAOS

潮流手册

穆德佩出版的五本潮流趋势、图形和色彩预测手册为消费者带来成百上千的、可以激发灵感的服装和饰品、印花图案和图形。每本书都附有潘东色卡、矢量艺术作品DVD及定期的在线更新。

穆德佩的潮流预测书籍覆盖童装市场（从婴儿到青少年）以及年轻人消费群体，为其提供设计解决方案。

这些潮流趋势出版物是由时尚分析家组成的合作团队创作而成的，他们同时在为穆德佩及其设计咨询公司工作。

穆德佩按照传统的出版时间表，每年做两季发布，但是他们意识到流行信息在不停地变化着，因此就要不间断地监测市场，在出版物出版之后，可以在整季中在线添加流行趋势的更新资料。

书籍——MPK 女性

女性潮流——以引领潮流的色板为基础的造型、图形和印花图案。

时尚潮流，被编排成完整的衣橱，可以直接从书中提取出来或者简便易行地满足客户的具体需求。

MPK 男性

男性潮流——充满活力的青少年和年轻人的造型、原创图形，能够反映出体育、都市街头和流行文化等不同来源的服装。

Download updates
Download additional graphics, garment styles and view trend developments. Click link to see available downloads.
View updates »

Download files
Download all the CD files to your desktop plus Illustrator 7 (eps) file format. Click link to view all files.
Download files »

Customised image
When you're under pressure use our customised image service. For a small fee we will rework a graphic to your requirements. For a quote please contact us.

mudpie books

库特佩（Cutipie）

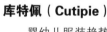

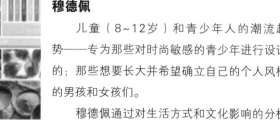

婴幼儿服装趋势——服装款式、纯真可爱的图形和功能性的配饰。基于系列构成的八个趋势共同诠释一个主题，可以直接将趋势转化为零售系列或者易于满足消费者个性化需求的产品或服务。

迷你佩（Minipie）

儿童服装趋势——这本书是廓型、印花图案和基本色彩的混合体。商业趋势走向和色彩预测为本季的图书资料打下了坚实的基础。这些资料被打包在一起，为的是使得系列表达明确，服装设计和图形或印花应用起来简单易行。

穆德佩

儿童（8~12岁）和青少年人的潮流趋势——专为那些对时尚敏感的青少年进行设计的；那些想要长大并希望确立自己的个人风格的男孩和女孩们。

穆德佩通过对生活方式和文化影响的分析来与儿童和青春期少年的世界观达成一致，使预测工具在这一领域市场的设计中保持领先。

female

03/10/2007

Add to lightbox
Comme des Garcons

Add to lightbox
Comme des Garcons

Add to lightbox
Comme des Garcons

Add to lightbox
Comme des Garcons

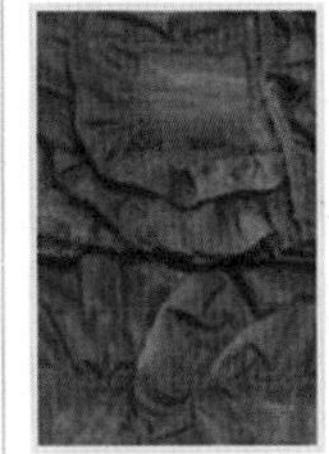
Add to lightbox
Comme des Garcons

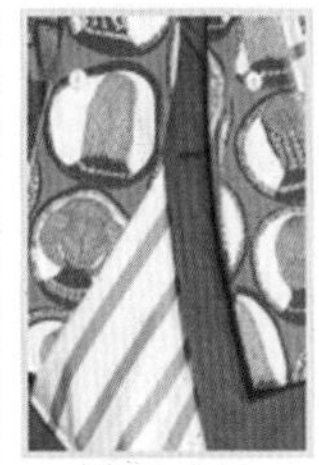
Add to lightbox
Comme des Garcons

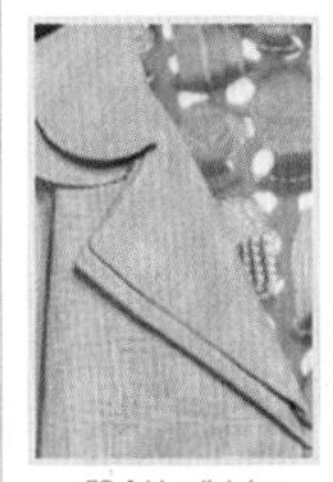
Add to lightbox
Comme des Garcons

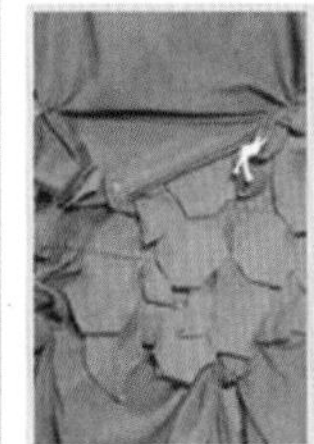
Add to lightbox
Comme des Garcons

Add to lightbox
Comme des Garcons

Add to lightbox
Comme des Garcons

Add to lightbox
Comme des Garcons

Add to lightbox
Comme des Garcons

T台

每个季节国际设计师都会在时装周和设计秀场发布他们的服装和配饰新品的系列设计。

随着对“快速时尚”需求的与日俱增，公司将最近的T台趋势转变为每六周举行一次的零售系列发布。

在进行T台发布的日子里，穆德佩网站中成千上万的T台图片会按照设计师图片库进行分类。他们根据季节、秀场和设计师进行标注以便客户搜寻。他们也提供对关键款式、细节和流行趋势的统计分析，其中包含着具有设计师个性化标签的造型——附加的季节性总览、预览和亮点。

ts a

Add to lightbox
mme des Garcons

Add to lightbox
Comme des Garcons

Add to lightbox
Comme des Garcons

Add to lightbox
Comme des Garcons

Add to lightbox
Comme des Garcons

nore

ils

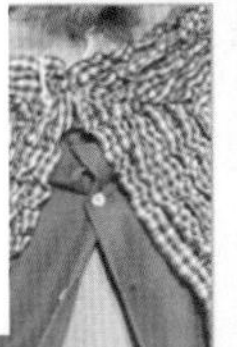
Add to lightbox
Comme des Garcons

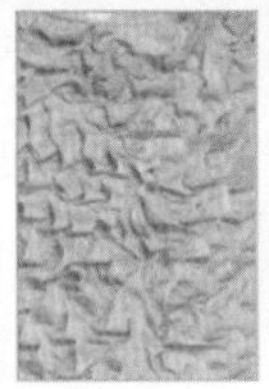
Add to lightbox
Comme des Garcons

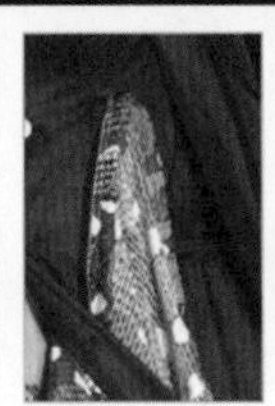
Add to lightbox
Comme des Garcons

Add to lightbox
Comme des Garcons

Add to lightbox
Comme des Garcons

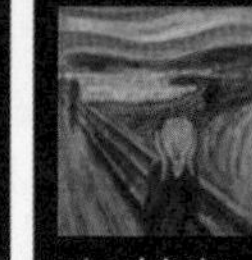

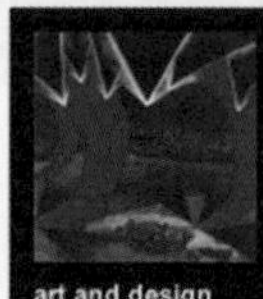

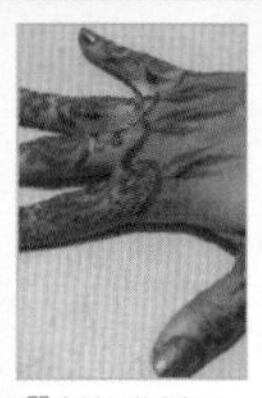

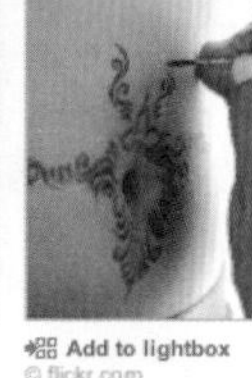

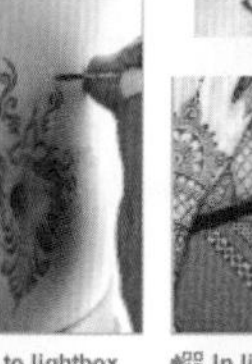

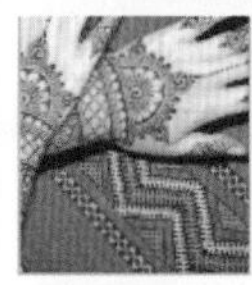

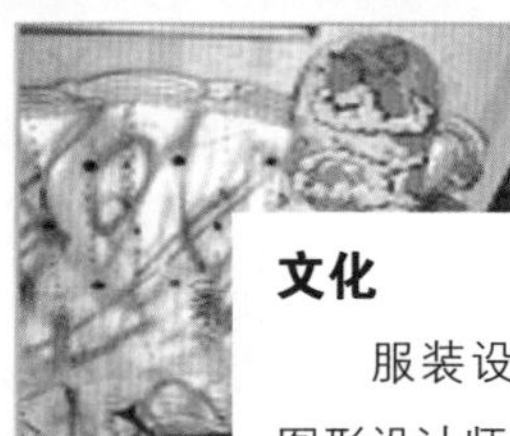

穆德佩设计有限公司

文化

服装设计师、时尚造型师、插画家和图形设计师从生活方式趋向、街头、都市文化、音乐、商品和各种艺术中获得启发。穆德佩点击的流行趋势聚焦于音乐节，制作出关于艺术和设计展的照片报道——从涂鸦展到美术展。

每周都会有数以万计的照片被张贴在网站上，消费者可以浏览并把他们最喜欢的图片保存在个性化的“收藏夹”中，为日后下载提供方便。

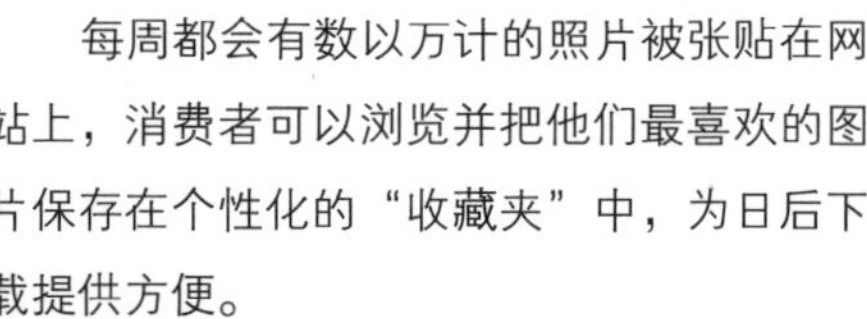

paris vintage (fra) - june 07 - male
13/07/2007

london - vintage - june 07 - male
05/06/2007

male vintage - london (gbr) -

vintage accessories - london (gbr) -

commodity collaborations

Add to lightbox
411

Add to lightbox
agent sparks

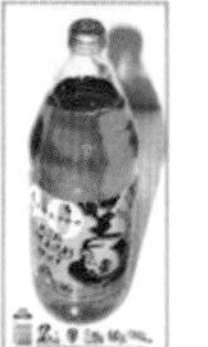

Add to lightbox
olde english

Add to lightbox
boost

Add to lightbox
xbox360

See more pictures

london

back to city guides

west end | knights-bridge | camden | shoreditch | online coming soon

skate and ski

Add to lightbox
pop cling

Add to lightbox
wallin

Add to lightbox
armada

Add to lightbox
salomon

Add to lightbox
oc/dc

See more pictures

shopping key

$	budget prices		accessories
$$	middle high street prices		footwear
$$$	top high street prices	B	boutique
$$$$	designer prices	M	market
	flagship store		chain store

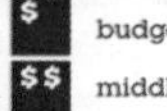

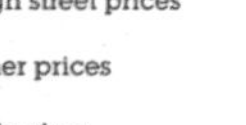

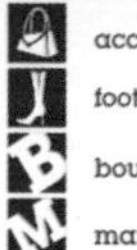

Add to lightbox
madsteez

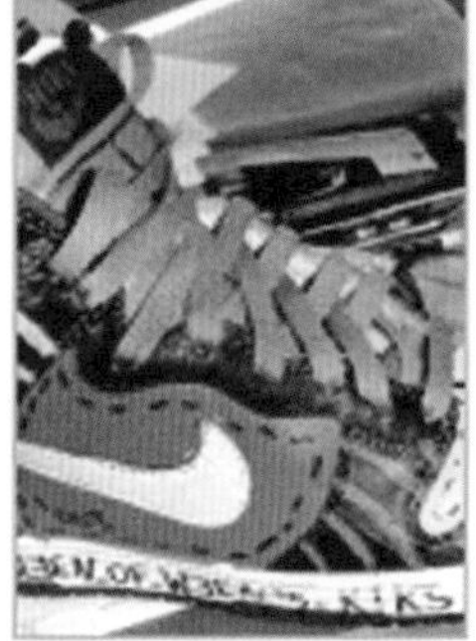

Add to lightbox
madsteez

Add to lightbox
madsteez

Add to lightbox
madsteez

http://www.madsteez.com/heydiksnike.htm

零售

穆德佩的工作团队走访世界各大时装之都，对店铺橱窗陈列进行拍照，包括橱窗中的时装、面料、家居摆设、玩具以及其中的陈设。

客户可以根据城市或者服装类型有选择地浏览零售商的流行情报，二手服装或者运动服装则按照年代和性别进行分类，以方便浏览。

其中成千上万可供下载的图片涵盖了广泛的服装品类，包括T恤图案、最与众不同的牛仔服装细节和最新的配饰。所有这些在穆德佩都会从对高街热销和新兴趋势的总览角度进行编辑和整理。

surface

Add to lightbox
michele lemaine pour tissus

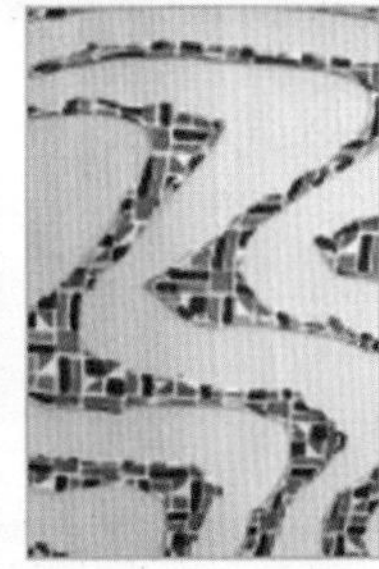

Add to lightbox
monteoliveto

Add to lightbox
nephila tessuti

Add to lightbox
nephila tessuti

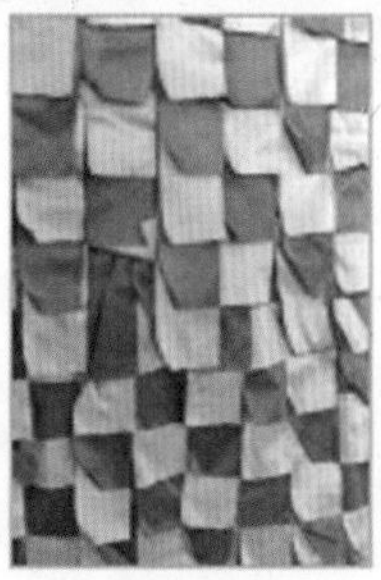

Add to lightbox
michele lemaine pour tissus

- Tactile surface designs saw a definite move towards a textured surface
- Printed fabrics are creased, while knits are creased before being coated with metallic, with the uncoated creases creating contrasting creases through the coat as the fabric relaxes back to its natural state
- Dramatic devoré effects create interesting 3d patterns

sportswear - s/s 07 - new style rubber
16/05/2007

sportswear - s/s 07 - skate of the art footwear
09/05/2007

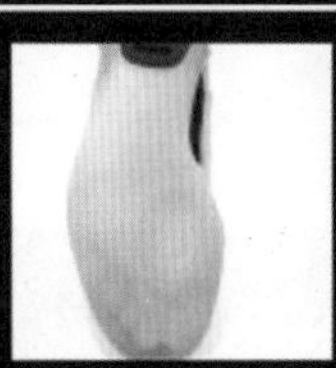

alexander mcqueen for puma - s/s 07
18/04/2007

urban sportswear - female - a/w 07/08
18/04/2007

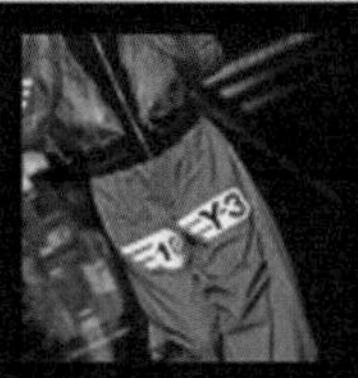

sportswear - a/w 08/09 - yohji yamamoto meets adidas - female
16/04/2007

sportswear - s/s 07 - yohji yamamoto meets adidas - female
16/04/2007

sportswear - s/s 08 - performance - female
13/04/2007

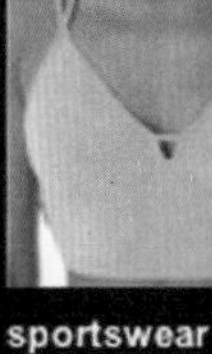

sportswear - s/
- body form
11/04/2007

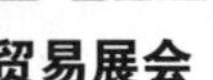

sportswear - s/s 08 - interiors
11/04/2007

sportswear - s/s 08 - its all in the bag
11/04/2007

sportswear - s/
- luxury sports
11/04/2007

贸易展会

生产周期缩短以及旅行预算的削减使得买家和设计师观摩主要的国际贸易展会、分析流行趋势变得越来越困难。“穆德佩点击”替他们的注册客户出席这些活动，并以在线邮寄照片播报和图片集的方式作为回报。

这类展会播报和图片集涵盖了时尚、体育和面料，也包括设计和生活方式展示，对于从婴儿到年轻人的所有市场领域中占据主导地位的流行样式进行集中讲解。

穆德佩点击在网上还发布未来时间安排和所有贸易活动的新闻，可以帮助消费者制订他们的日程计划。

features

穆德佩设计有限公司

咨询

穆德佩点击提供从展示、流行趋势板、色彩指导到最终的图形和服装系列的全程设计，并以此作为一项预订的咨询服务。

他们将承揽一些小型的、一次性的项目，及全部外包的解决方案。

他们已经建立了一个拥有数以万计的服装款式和样式的“图书馆”，可以不断更新以迎合需要咨询服务的顾客的要求，并帮助他们开发服装系列。

从流行趋势和设计过程到挑选面料、打样和最后的系列展示，穆德佩的工作团队拥有与来自世界各地的制造商一起工作的经验。

在垂直式成衣制造流程方面的知识为他们带来了提供商业设计解决方案的专门技能。

费奥纳·詹维在各种国际色彩专门机构中都占有席位，这样就有机会从潘东和棉花公司获取色彩信息。

穆德佩的色彩分析不仅仅是理论方面的，他们可以依靠诸多不同的因素，例如他们所面向的消费者人群的人口统计，将整个色彩趋势为个别国家和公司编译为色彩系列。他们可以以正式的发布形式展示这一信息，也可以提供色板或文件形式。

沃斯全球时尚网
部分从属于位于伦敦的Emap集团。
www.wgsn.com

沃斯全球时尚网是一个世界领先的在线趋势分析服务机构，成立于1998年前后。他们为全世界范围内的时尚、服装、造型和零售业提供具有创意和商业价值的情报。他们由编辑、设计师、造型师和流行趋势观察员组成的团队拥有丰富的企业工作经验，合作品牌包括汤米·希尔费格（Tommy Hilfiger）、威格（Wrangler）和托普·少普（Topshop）。他们的足迹遍及全球，以传递其对时尚和零售业的全方位观察——所有这些信息都以“需要了解（Need to Know）”的形式集中为注册用户提供，这样的服务将会为他们的生意带来巨大的价值。

订阅一份《沃斯全球时尚网资讯》将可享受以下服务：

未来趋向跟踪；

提供对（提前24个月的）未来情报的深入分析。对前一个趋势的跟踪（提前12个月）；

正在流行趋势（Close-to-season）的总览（提前3~6个月）。

广泛的覆盖面

T台秀场：主要的和即将出现的国际展示，包括每年成千上万的走秀照片和140场商业展示；

汇集来自世界各地的街头报道，提供深入的零售报道；

店铺橱窗：全球报道，图片和分析

专为女装、男装、童装、内衣和泳装、牛仔、年轻人/年少者、活力运动、配饰、鞋类、室内和材料等方面提供可下载的手稿和图形。

沃斯全球时尚网教育版站点允许来自全世界的学生和学术人员免费进入其网站；那些研究时尚、纺织品、设计和相关领域的人士可以利用“时间差”使用沃斯全球时尚网发布的往期内容促进他们对企业的了解并有助于他们的研究。学生专项内容则被设计成“学生期刊”和“职业建议”。这些内容主要是对最顶尖的时尚玩家的采访，包括年轻设计师、新近毕业的优秀毕业生、设计和造型的创新者。还有已确立自己品牌的人们就如何“做好它”给出建议，针对全球学生的特点，还增加Q&A专栏以及大学生活、调研摘要和学院风格的报告。

专业版的沃斯全球时尚网站点由16个名录组成，可以通过页面顶部的“全球”导航进入其中。每个目录由页面左边的“当地”导航组成，在那里可以找到更多与目录相关的深入信息。

这些目录是：

新闻、商业资源、交易展会、材料、T台走秀、杂志、智囊团、流行趋势、店铺里有什么、零售对话、都市掠影、美容、年轻人/学生、活力运动、图形和当代人。

LOG ON
MY WGSN
MY SCRAPBOOK
CALENDAR
PLAN AHEAD
CONTACT US
FAQS
ASK WGSN
ABOUT WGSN
SITE MAP
WGSN SEMINARS
CAREERS

沃斯全球时尚网主页——一个网页的解析

WGSN（沃斯全球时尚网）

沃斯全球时尚网标识

注册用户登录

全球导航—目录

搜索功能

滚动条

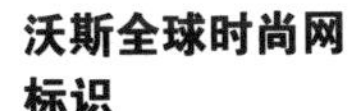

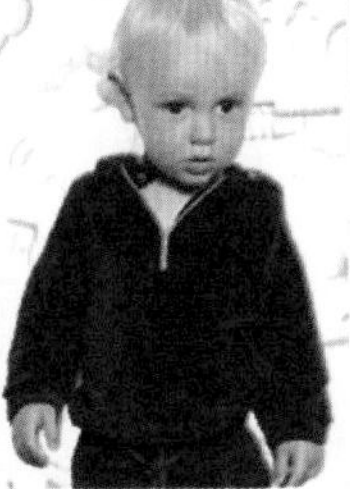

当地导航

最近的新闻更新

每一个目录中的最新信息

快速链接

我们生活方式的监测

目录都是可以看到的，每一个主页也都设有当地导航，而且通过点击每一页中“指甲盖”大小的图片，或者带有下划线的文字，就可以进入。

每一个目录信息中还有“档案”。

该站点是一个非常深入而丰富的资源。

原料

该目录旨在瞄准设计师和供应商；它包含有关服装产品研发基础的纤维、纱线、纺织品和材料等的信息，还包括家居家具或者室内装饰领域。它也提供最新的科技发展动态。

当日纺织新闻（Textile News Today）——提供对全球纺织行业带有巨大影响的重要事件的更新报道。

交易展览（Trade Show）——提供服装和室内装饰所需的纱线和面料展的报道。它包括对各种活动和交易展会新闻的见解，以及对交易展会、事件和会议的预览。

样品报告（Swatch Reports）——提供来自于国际纺织品制造商的季节性精选面料，包括原料和面料的细节。

趋势研究（Trend Research）——可以与流行季初期趋势研究相联系，初期研究主要针对色彩、材料、针织、纺织品和图形。

创新（Innovation）——提供纺织业内与最新的技术革新相关的新闻和特色产品，聚焦于“智能服装”、新材料和纳米技术。

牛仔（Denim）——链接着牛仔名录，重点指出纺织品研发、水洗、装饰、标签和款式导向。

棉花监测（Cotton Monitor）——链接到在商业资源名录中列出的、与棉花公司进行合作的企业。

词汇表（Glossary）——提供了一份按照字母顺序排列的综合名录，是与纤维、纱线、面料和非服用材料有关的术语和定义。

“原料”具有日历、剪贴簿、存档和搜索功能。

T台秀场

该目录旨在瞄准买家和设计师。它包括商业开发中所有“最热销”的服装样式。图片（IMAGES）包含全部男装、女装、高级女装和配饰的照片报道。所有重要的走秀连同新锐设计师一同都被记录下来。几小时内人们就可以在网站上看到所发布的每场T台秀照片。

每日言论（Daily Buzz）——由沃斯全球时尚网的时尚记者从米兰、巴黎、纽约和伦敦直接提供当日的报道。

风格记事（Stylefile）——提供针对每周从主要T台日程表中涌现出来的关键潮流的导向分析。

总览（Overview）——提供对最新趋向的深入分析，包括关键风貌、廓型、色彩、面料、印花、图案和针织。

关键单品分析（Key Items Analasis）——通过产品品类提供详细的商业分析。走秀有剪贴簿（Scrapbook）、日历（Calender）和档案（Archive）功能，此外还增加了照片搜索的功能，该功能可以提供标注有产品品类、产品型号和色彩/面料的照片。它也提供缩放功能（Zoom），一种允许用户放大设计元素的工具，例如刺绣、针迹细节、印花、图案或纽扣。

© WGSN 2007

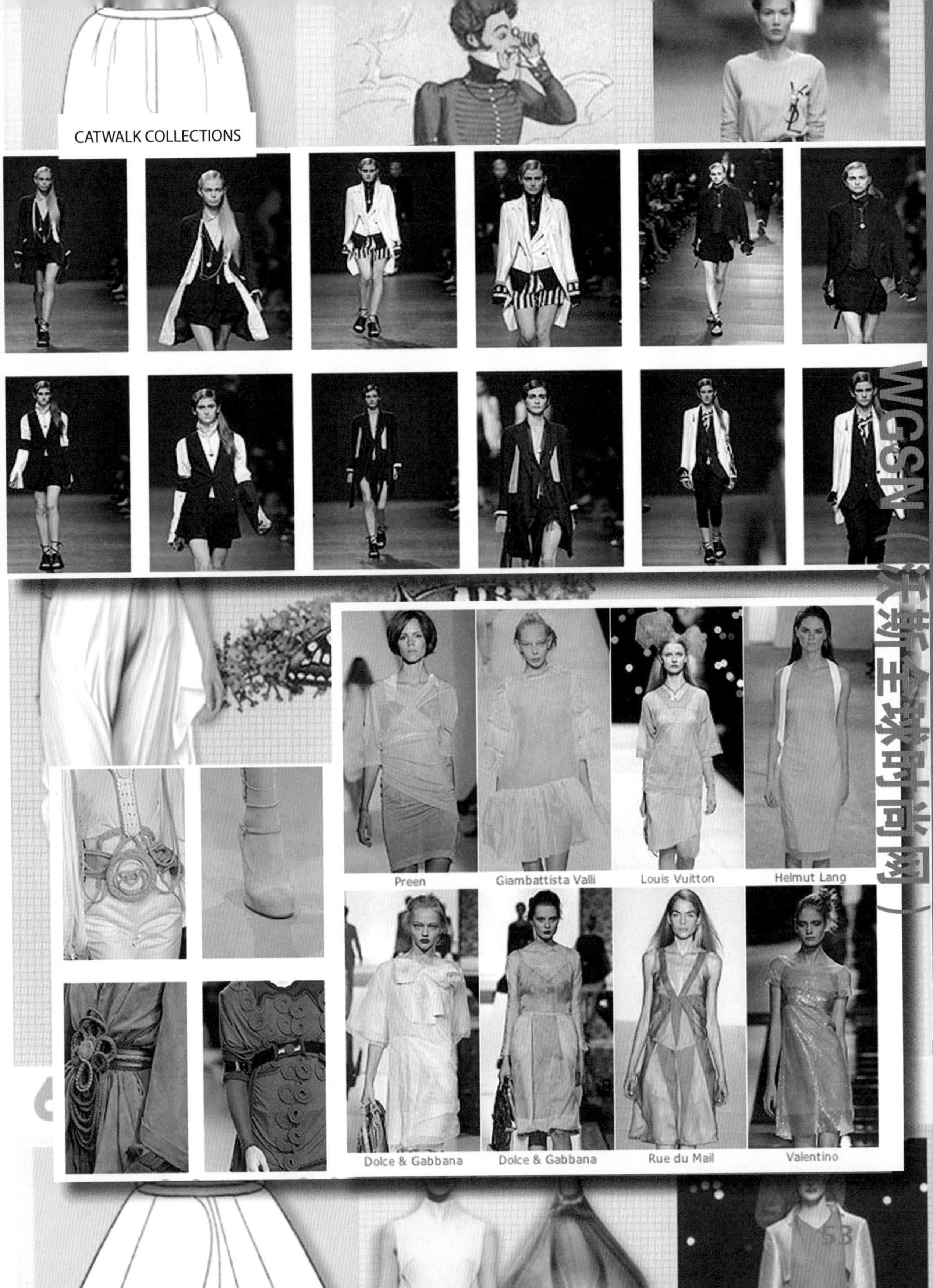
CATWALK COLLECTIONS
Preen
Giambattista Valli
Louis Vuitton
Helmut Lang
Dolce & Gabbana
Dolce & Gabbana
Rue du Mail
Valentino

新闻

该目录瞄准包括从设计师和商人到首席执行官在内的所有人员。它报道全世界发生的重要事件，并以报刊印刷所不能比拟的速度迅速披露并实时监控。

每日新闻（Daily News）——包括最新的公司业绩，股票市场发生了什么，哪个品牌新委任了首席设计师，T台秀捕捉到了的时代精神，哪家公司失去首席执行官，哪家又找到了新的等。

全球新闻（Global News）——以按地域编排每日新闻故事为特色，旨在获取相关信息。

市场行情（In The Markets）——拥有每日更新并发布受到新闻事件影响的价格波动信息。从"功能"的角度，可以通过"十日新闻"来快速弥补在度假中错过的新闻。

档案（Archive）——可以提供几天前、几个月前甚至是几年前的新闻。还可以按照"日期"和"关键词"进行检索查询。

剪贴簿（Scrapbook）——允许用户将文章和所选择的报道归档，便于参考和项目编组。

商业资源

该目录包括的是首席执行官所瞄准的信息。

市场调查（Market Research）——包含了从明特尔（Mintel）、沃德科特市场研究公司（Verdict Research）、欧睿信息咨询公司(Euromonitor International)、《包装事实》*（Packaged Facts）*杂志和其他公司的高层管理人员提供的汇总信息。它提供能够涵盖"主要机构"和重要趋势的深刻见解和预测。

主导零售商（Leading Retailers）——通过每年的销售额对世界最大的零售商进行排名。

策略对话（Strategy Talk）——对前卫看法提出挑战的专题节目和采访。

区域焦点（Regional Focus）——通过国家或地区提供新闻、信息、预测和数据的档案数据，例如中国、日本、印度、北美、欧洲、澳大利亚、非洲和中东地区。

全球资源向导（Global Sourcing Guide）——提供国家的概要向导，包括新闻、产品、就业、出口、竞争优势、案例研究以及其他有用的网站链接。

美国的生活方式监测（US Lifestyle Monitor）——围绕棉花公司开展的沃斯全球时尚网与棉花公司的合作为特色。生活方式监测研究计划记录了美国人对于服装和家饰的态度。

额外的商业工具（Additional Business Tools）——提供与重要关税和配额提供方相关的信息，并由创意宝库（Ideas Bank）在概念开发和商业之间建立联系。

《商业资源》具有剪贴簿、存档和搜索功能。

商业展览

该目录瞄准设计师和买手。对于世界主要贸易事件的报道将为注册用户提供下一季的第一手资料，主要通过清晰的产品图片报道来实现，它们突出了"最热销"产品的样式和品牌。

来自美国、欧洲和亚洲的80个主要的纺织品和服装展会包括：第一视觉面料展(Premiere Vision)、意大利国际男装展（Pitti Immagine Uomo）、哥本哈根时装周（CPH Vision）、美国拉斯维加斯的迈基科纺织展（Magic）、美国拉斯维加斯的普杰科特（Project），巴黎国际女装及流行饰品展（Tranoi）、体育用品及运动时装贸易展会（Ispo）、童装展会（Mode Enfantine）、巴黎内衣展（Lingerie Paris）、美国运动服装展会（Action Sports Retailer），美国全球零售业展（GlobalShop）、香港国际面料及辅料展（Interstoff Asia）、生活必需品展（BREAD & Butter）。

室内、鞋类和皮革展会也包含其中：巴黎家居展（Maison & Objet）、法兰克福家纺展（Heimtectile）、米兰家具展（Milan Furniture Fair）、亚太区皮革展（Asia Pacific Leather Fair）、意大利米兰鞋展（Micam and Premiere Classe）等。

新闻（NEWS）——提供直接从展会获得的报道。

报道（REPORTS）——提供时装周六天内所刊登的照片报道，包括详细的流行趋势分析。

特别区域链接（SECTOR SPECIFIC LINKS）——提供对于每一个产品目录中最新报道的快速浏览。

报道时间表（REPORT TIMETBLE）——提供对贸易展的名单“一瞥”，沃斯全球时尚网将会连同出版日期和链接覆盖每一季的现场报道。

贸易展会具有剪贴簿、存档和搜索功能并提供一份世界各贸易展会的“日历表”。

杂志

该目录瞄准和时尚、大众媒体和市场有关的任何人，他们想了解、得到大众传媒和广告趋势。

特征——包括对艺术、媒体和文化，书评、新杂志、电影趋势，市场和生活方式影响的报道。

广告宣传趋势——提供对时尚品牌和设计师广告每年两次的分析，并且评估在影片、艺术方向、摄影、模型和地点等的趋势。媒体新闻提供媒体和市场的新闻。

十佳广告宣传——提供从全世界电视、电影院、出版社、海报和病毒广告来的创造性广告。

名人范儿——提供奥斯卡和金球奖红地毯庆典的图片报道。包括了来自亚洲、欧洲和美国的名人和当地的潮流引领者。

闲聊——提供名人新闻。

时尚周——提供涌现在米兰、巴黎、纽约和伦敦的新设计师的T台展示信息。

公关名录——提供顶级的公关公司、各自的优势及其所代表的公司。

编辑的选择——提供本月最有影响力的故事的汇总。

该杂志具有剪贴簿、存档和搜索功能。

智囊团

该目录瞄准品牌指导、市场营销人员和首席执行官。这些人想要对未来进行预期，思考长期趋势背后的“为什么”和“怎么样”。

目录的范围包括广告、建筑、媒体、生活方式、工作、健康、科学、技术、食物、饮料和汽车设计。

消费者态度——提供消费者不断变化的想法和感受。基于国际媒介的研究、人口统计学的分析、沃斯全球时尚网全球通讯记者的反馈以及对行业专家的访谈，对所做的消费者趋势研究进行总结。

创意宝库——提供对趋势调研员和行业专家的采访和评论。它横跨不同的产业跟踪未来概念和产品，并把它们与消费者态度联系在一起。

照片文件——提供来自全球的灵感照片，包括调研照片拍摄的地点、空间和其他灵感。

季节性调研——提供对产品研发带来影响的新一季导向性的亮点产品，包括色彩、原料、图形、纱线、纺织品和针织。对新文化推动者的跟踪报道，诸如具有影响力的艺术和设计展、电影、新书和社会思潮等。

Facehunter　　Beard balaclava on kitsunenoir.com

流行趋势（Trends）

该目录瞄准设计师、买手、推销人员和市场营销人员。它方便专业人士提前进行计划、设计和思考。

初期调研（Early Research）——提供影响风格样式的关键基调、文化指标和长期流行趋势，这些风格样式与商业密切相关。跟踪影响因素和文化思潮，可以从国际艺术和设计展、电影和新书到能够反映时代精神的城市和背景趋势资料中找到新鲜事物和创新产品。

产品目录(Product Directions)——提供从较早前的趋势研究发展而来的机构与产品的具体信息。每一个机构都可以将重点色彩、当季关键单品、研究影响、纺织品和造型与富含信息量的设计整合在一起。

女装(Womenswear)：目录旨在激发灵感并获悉相关的色彩、面料和造型。

男装(Menswear)：主题、造型目录、色彩表达和面料。

内衣/泳装(Intimate apparel/swimwear)：针对这些专业领域的色彩、图案、造型和装饰，包括男装和女装的目录。

童装（Kidswear）：目录中包含了适合于女童、男童和婴幼儿的印花、图形和造型。

鞋类(Footwear)：女鞋、男鞋和运动鞋的款式、材料和技术创新。

配饰（Accessories）：迅速变化的领域，以包袋、腰带、皮具、珠宝、眼镜和手表为中心。

牛仔（Denim）：纺织品发展、水洗、装饰、标签和造型指南。

色彩（Color）：从概念到商业化的实现。

室内设计（Interior）：家居趋势——包括浴室用品、桌饰及促进情感交流的礼品等的重要产品目录。

快速跟踪（Fast Tracks）——提供实时的快速反应信息的持续回馈，确认或不断更新趋势。

流行趋势具有剪贴簿、存档和搜索功能。

TRENDS SEASONAL RESEARCH

SPRING / SUMMER 2009

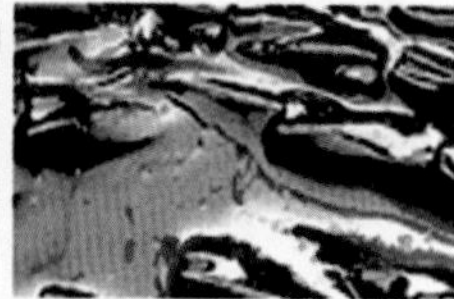

SURFACE

17.07.07

EARLY RESEARCH

07.08.07

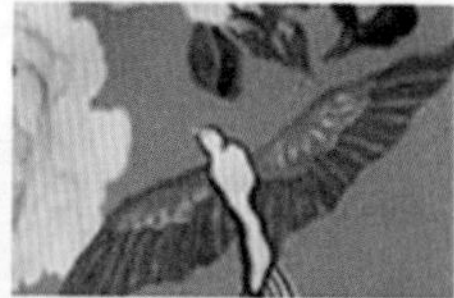

TEXTILES

24.08.07

EARLY COLOUR

29.06.07

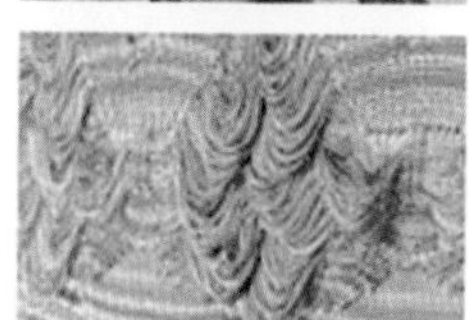

KNIT

24.08.07

GRAPHICS

31.08.07

COLOUR PALETTES

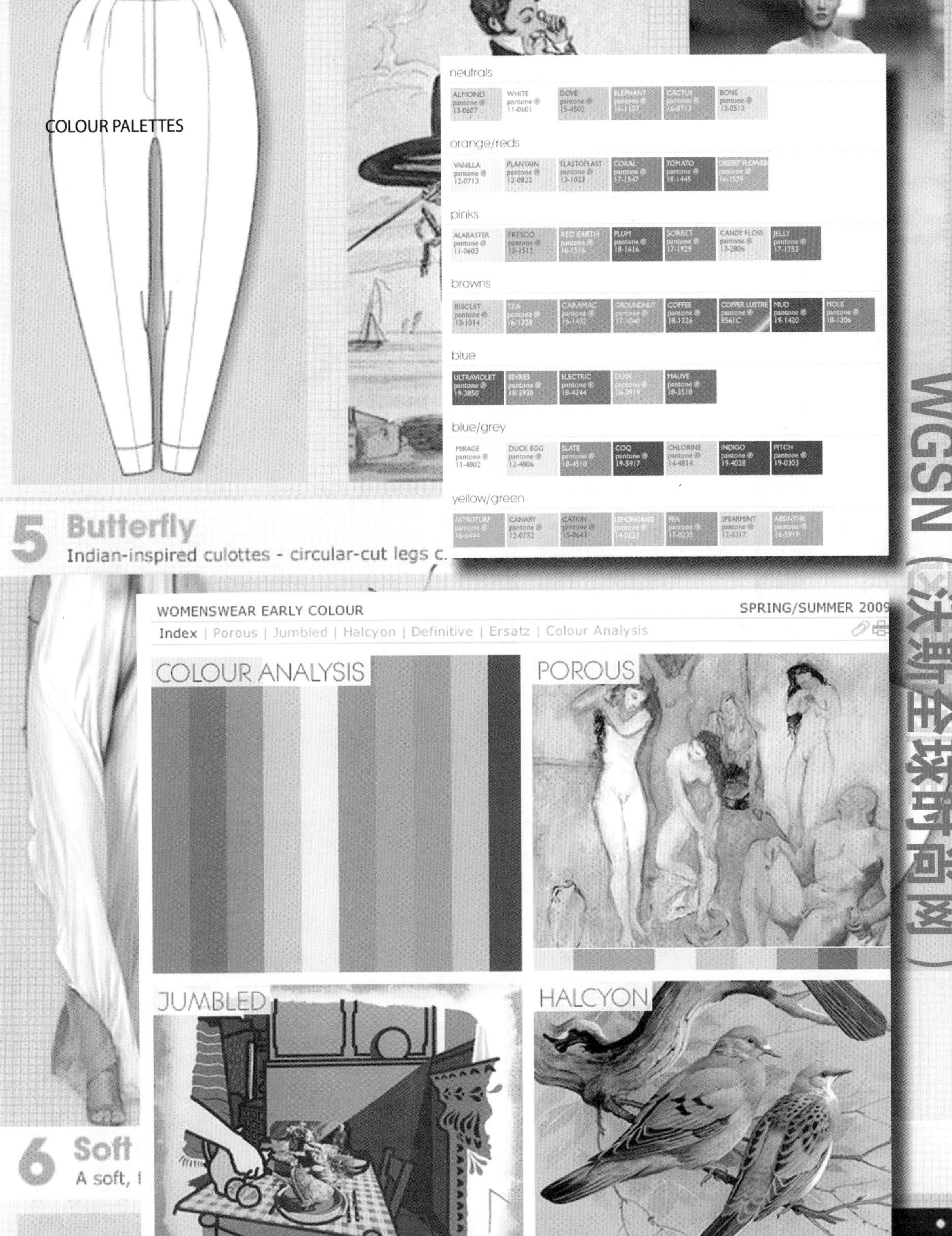
neutrals
ALMOND pantone ® 13-0607
WHITE pantone ® 11-0601
DOVE pantone ® 15-4502
ELEPHANT pantone ® 16-1107
CACTUS pantone ® 16-0713
BONE pantone ® 13-0513
orange/reds
VANILLA pantone ® 12-0713
PLANTAIN pantone ® 12-0822
ELASTOPLAST pantone ® 13-1023
CORAL pantone ® 17-1547
TOMATO pantone ® 18-1445
DESERT FLOWER pantone ® 16-1529
pinks
ALABASTER pantone ® 11-0603
FRESCO pantone ® 15-1512
RED EARTH pantone ® 16-1516
PLUM pantone ® 18-1616
SORBET pantone ® 17-1929
CANDY FLOSS pantone ® 13-2806
JELLY pantone ® 17-1753
browns
BISCUIT pantone ® 13-1014
TEA pantone ® 16-1328
CARAMAC pantone ® 16-1432
GROUNDNUT pantone ® 17-1040
COFFEE pantone ® 18-1326
COPPER LUSTRE pantone ® 8561C
MUD pantone ® 19-1420
MOLE pantone ® 18-1306
blue
ULTRAVIOLET pantone ® 19-3850
SEVRES pantone ® 18-3935
ELECTRIC pantone ® 18-4244
DUSK pantone ® 16-3919
MAUVE pantone ® 18-3518
blue/grey
MIRAGE pantone ® 11-4802
DUCK EGG pantone ® 12-4806
SLATE pantone ® 18-4510
COQ pantone ® 19-5917
CHLORINE pantone ® 14-4814
INDIGO pantone ® 19-4028
PITCH pantone ® 19-0303
yellow/green
ASTROTURF pantone ® 16-6444
CANARY pantone ® 12-0752
CATKIN pantone ® 15-0643
LEMONGRASS pantone ® 14-0223
PEA pantone ® 17-0235
SPEARMINT pantone ® 12-0317
ABSINTHE pantone ® 16-5919
5 Butterfly
Indian-inspired culottes - circular-cut legs c.
WOMENSWEAR EARLY COLOUR
SPRING/SUMMER 2009
Index | Porous | Jumbled | Halcyon | Definitive | Ersatz | Colour Analysis
COLOUR ANALYSIS
POROUS
JUMBLED
HALCYON
6 Soft
A soft,
WGSN（沃斯全球时尚网）

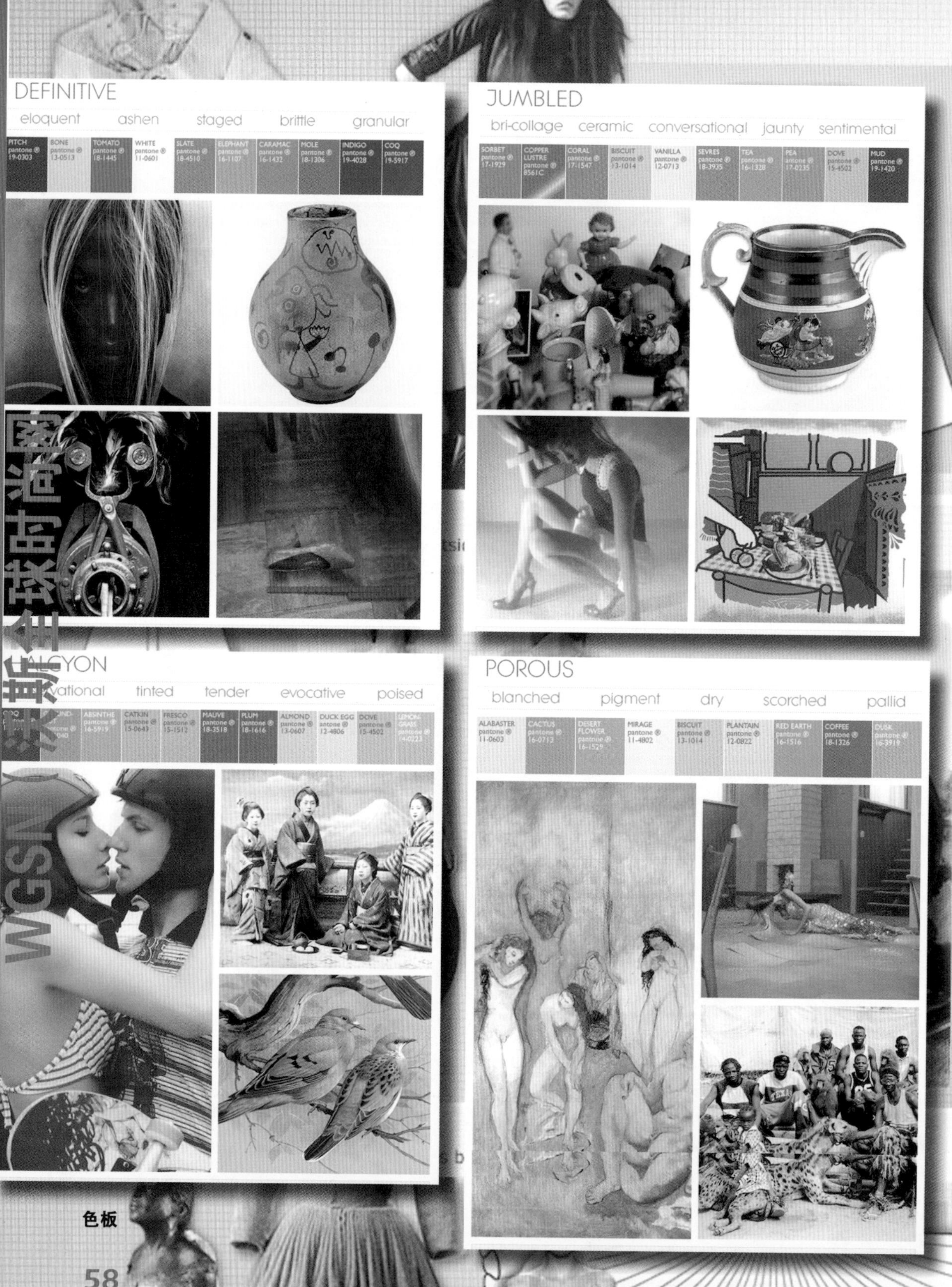
DEFINITIVE
eloquent ashen staged brittle granular
PITCH pantone ® 19-0303
BONE pantone ® 13-0513
TOMATO pantone ® 18-1445
WHITE pantone ® 11-0601
SLATE pantone ® 18-4510
ELEPHANT pantone ® 16-1107
CARAMAC pantone ® 16-1432
MOLE pantone ® 18-1306
INDIGO pantone ® 19-4028
COQ pantone ® 19-5917
JUMBLED
bri-collage ceramic conversational jaunty sentimental
SORBET pantone ® 17-1929
COPPER LUSTRE pantone ® 8561C
CORAL pantone ® 17-1547
BISCUIT pantone ® 13-1014
VANILLA pantone ® 12-0713
SEVRES pantone ® 18-3935
TEA pantone ® 16-1328
PEA antone ® 17-0235
DOVE pantone ® 15-4502
MUD pantone ® 19-1420
HALCYON
vational tinted tender evocative poised
COQ
ABSINTHE pantone ® 16-5919
CATKIN pantone ® 15-0643
FRESCO pantone ® 15-1512
MAUVE pantone ® 18-3518
PLUM pantone ® 18-1616
ALMOND pantone ® 13-0607
DUCK EGG antone ® 12-4806
DOVE pantone ® 15-4502
LEMON-GRASS pantone ® 14-0223
POROUS
blanched pigment dry scorched pallid
ALABASTER pantone ® 11-0603
CACTUS pantone ® 16-0713
DESERT FLOWER pantone ® 16-1529
MIRAGE pantone ® 11-4802
BISCUIT pantone ® 13-1014
PLANTAIN pantone ® 12-0822
RED EARTH pantone ® 16-1516
COFFEE pantone ® 18-1326
DUSK pantone ® 16-3919

5 Kitsch collage

Mix religious iconography with ornamental ephemera using appliqué and stitching techniques.

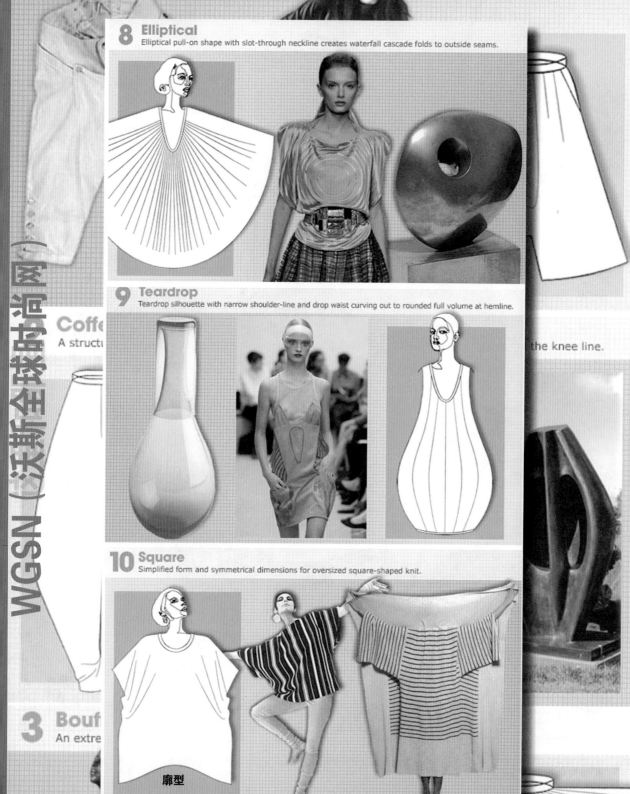

8 Elliptical

Elliptical pull-on shape with slot-through neckline creates waterfall cascade folds to outside seams.

9 Teardrop

Teardrop silhouette with narrow shoulder-line and drop waist curving out to rounded full volume at hemline.

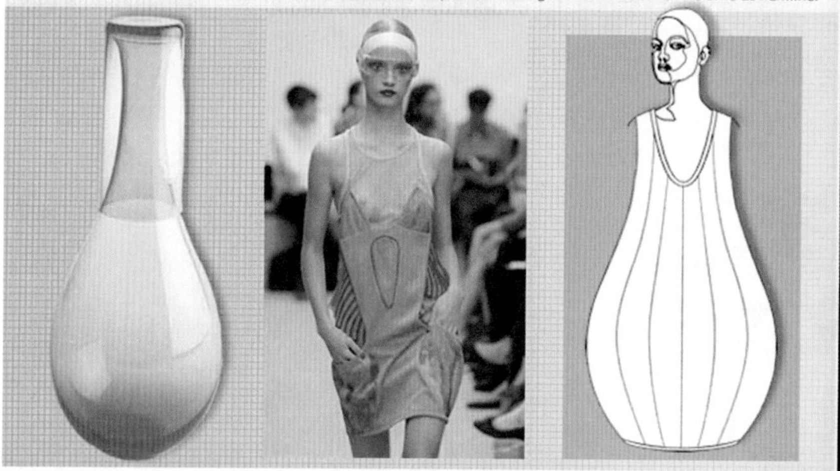

10 Square

Simplified form and symmetrical dimensions for oversized square-shaped knit.

Coffe

A structu

the knee line.

3 Bouf

An extre

1 Tailored afghan
A strictly tailored nappy short, squared-off dropped crotch, sharp pegged pleats and traditional tailoring details.
2 Coffee bean
A structured tailored pant with a curved outside leg seam that creates fullness around the knee line.
3 Bouffant
An extremely full-gathered skirt that creates bouffant-like volume.
1 Amorphous cutting
Oscillating organic edges have a free-form fluidity.
5 Tubi-knit
Pull-on adaptable tubular knit coordinates create versatile body-conscious separates.
6 Jellyfish
A trapeze shape that combines diaphanous translucency with frilled organic layering volume for delicate fluttering volumes.
7 Kimono
Cropped boxy knit with wide bell sleeves creates a contemporary kimono-influenced silhouette.
Ruffles
Excess, meandering and contemporary
Excessive mass of ruffles
Wandering centipede
Contemporary
廓型
5
6

WGSN（沃斯全球时尚网）

零售对话（Retail Talk）

该目录主要针对的是买手、经销商和设计师，以及视觉营销人员和市场销售人员。

零售（Retall）——逐渐被证明是市场、消费者和商业未来势力的潮流导向和动态指标。

报告（REPORTS)——提供了与店家设计和营销有关的评论，覆盖了全球领先的零售集团、连锁店和商店，以及新的零售概念。

店铺对比（COMP SHOPPER）——提供了流行趋势中可以找到的信息。

连锁店/系列评论（CHAIN STORES/COLLECTION REVIEWS）——提供了来自于跨国公司和连锁店的、与潮流导向和快速时尚系列相关的季节性报告。

买手访谈（BUYER INTERVIEWS）——从与高层买手和设计总监的访谈中获得的战略和品牌/产品的选择。

视觉营销（VISUAL MERCHANDISING）——提供了流行趋势中可以找到的信息。

零售对话具有剪贴簿、存档和搜索功能。

店铺里有什么?

该目录主要针对的是所有订阅者。

沃斯全球时尚网的记者每月前往世界各地拍摄超过八千多张照片，涵盖所有产品领域，从男装、女装到童装。

其中包括有关伦敦、纽约和巴黎城市的每月报道。此外，还包括有关米兰、东京和洛杉矶等城市的每两个月的报道。 较小的季节性报道则来自巴塞罗那、哥本哈根、安特卫普、阿姆斯特丹和柏林这些城市。

快照(SNAPSHOT)——“很小”的照片报道，详细列出了一个城市所能提供的最好货品。

每个夏季来自度假胜地的报道（RESORT REPORTS），详细介绍了从圣特罗佩的迷人风光及伊维萨俱乐部的景色。每一张小照片都要放大，以便从研究和展示需要的角度进行硬拷贝印刷。

幻灯片放映（SLIDESHOW）设备——可以对整个产品区域进行浏览。

热门样式（HOT LOOKS）——报道提供了最具零售趋势导向的细节视角。对于最新的色彩、面料、印花故事和潮流导向性单品都进行了重点强调。这些因素对于订购者以接近当季潮流的方式展开工作来说是非常完美的。

视觉营销（VISUAL MERCHANDISING）——报道以具有创新的橱窗展示和最新的营销技术的展示为特色。季节性促销，例如圣诞节、情人节、母亲节、复活节，突出强化了礼物和装饰的创意理念。

贯穿整个季节，还可以添加一些新的特色，例如婚礼、花园或者牛仔。

店铺对比（COMP SHOPPER）——跟踪报道了店铺层面的关键商品及促销方式，以及与造型设计导向、价格、面料和促销相关的信息。

Harvey Nichols　　Selfridges

潮流导向性色彩

唐娜·卡兰（Donna Karan），纽约

素然服饰（Zuczug），香港

科特菲尔（Cortefiel），巴塞罗那

瓦伦蒂诺（Valentino），伦敦

海伦·王（Helen Wang），纽约

国际金融中心（IFC，International Finance Center）的田山淳朗(Atsuro Tayama)，香港

b+ab，香港

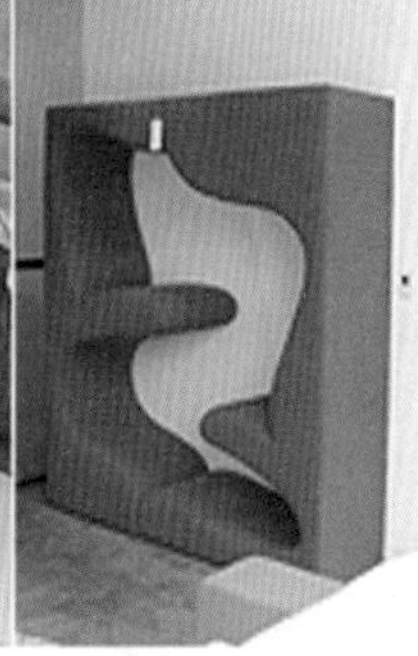

狄塞尔（Diesel），纽约

诺德斯特姆（Nordstrom），伦敦

安派德（On Pedder），香港

朱尔斯·赛泽（Jules Seltzer），洛杉矶

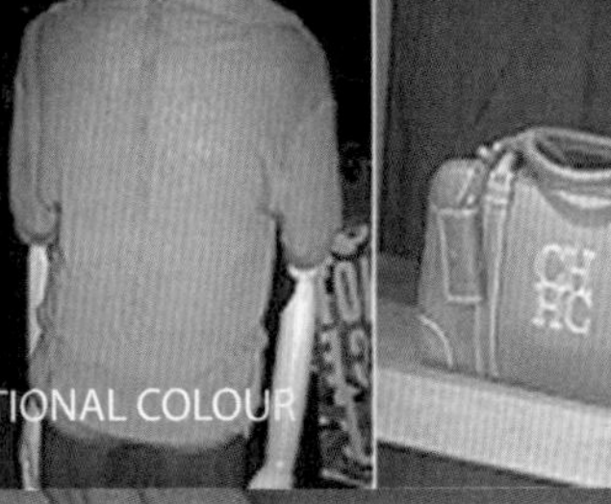

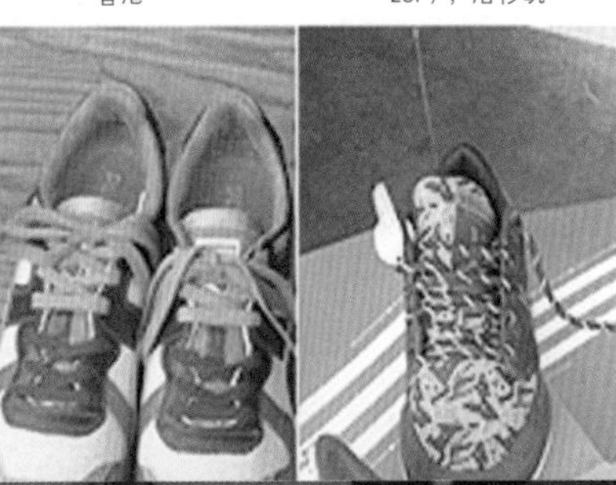

DIRECTIONAL COLOUR

WGSN（沃斯全球时尚网）

都市掠影（City by City）

该目录主要针对的是追求时尚和风度的商务旅行者。

该目录会定期更新地图，将伦敦、巴黎、纽约、东京、米兰和洛杉矶这些城市中最好的造访之地逐一列出并提供快速向导。在“最新动态（What’s New）”的名单中列出了最新开张的酒吧、餐厅、俱乐部和画廊等信息。

城市旅游目录（CITY GUIDES & TRAVEL）——提供了全球范围内的美好瞬间、重要城市、度假胜地和“旅游热点”等灵感之地，包括了适合不同价格预算的新商店、新餐饮去处及最好的酒店信息。

快照（BITESIZE）——提供了与旅游，酒店和零售业相关的简短更新信息。

艺术脉搏（ART PULSE）提供了给人以灵感的全球展览、艺术展会和时尚趋势的回顾。全球艺术名录（Global Art Listing）提供了伦敦、巴黎、纽约和其他城市的更新列表。

客房服务（ROOM SERVICE）——提供了一个全方位的酒店向导。

目录向导（CATEGORY GUIDES）——提供了目录方面的产品分组或领域分组的特别报道，例如室内设计、古董、童装、青年/少年服装和活力运动装。

都市掠影具有剪贴簿、档案功能，还添加了报道搜索和展览搜索的功能——通过输入日期、国家和关键词，举办地、日期、展览联络资料等信息就会显示出来。

美容（Beauty）

本目录针对的是所有订阅者，用来作为当前和未来潮流的重要晴雨表。

报告（REPORTS）——跟踪报道了来自于从产品实验室到店铺角落、从T台到街头的全新风貌。美容零售业的报告以零售业、技术、包装和广告等方面的发展为主要特色。

热销产品（HOT PRODUCTS）——主要提供了新产品投放、最新技术、香味偏好、包装创意、广告概念和组成部分的信息。

市场焦点（MARKET FOCUS）——提供了一些强调美容业方面发展的事实和数据。

关键季节性报道（KEY SEASONAL REPORTS）——通过化妆色彩（MAKE-UP COLOURS）提供了重要的化妆品品牌的色系。潘东（Pantone）色卡反映出公司的产品、摄影和包装。T台视线（CATWALK VIEW）追随报道了T台上所看到的发型和美容。而男士发型（MALE GROOMING）则以提供最新信息为特色。免税世界（TAX FREE WORLD）和国际美容展（COSMOPROF）则以展示主要趋势、新品和产品发布为特色。女性化妆品趋势（WOMEN’S COSMETIC TRENDS）可链接到知名化妆艺术家莎朗·多赛特（Sharon Dowsett）所研发的季节性化妆概念。

独家新闻（BREAKING NEWS）——提供了最新重大事件的更新。

美容具有剪贴簿、存档和搜索功能。

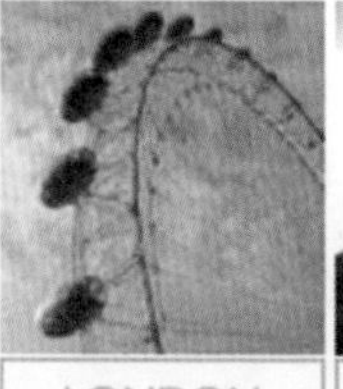

GLOBAL CITY REPORTS

WGSN（沃斯全球时尚网）

活力运动（Active Sports）

该目录主要针对的是设计师、经销商、买手和营销人员。

运动装已经成为时装业中最具活力和影响力的组成部分。

季节性资讯（SEASONAL INFO）——提供了一年两次初期色系、主要调研和参考的内容以及季节性灵感等主要看法。还提供了面料、装饰品、平面图形及主要商品和细节等方面的流行导向。

流行趋势追踪（TREND TRACK）——通过来自重要赛事及现场的图片报道来提供出新兴的流行趋势。

报道（REPORTS）——提供了技术、运动媒体、市场营销、有利的品牌新闻以及产品更新的最新信息。

零售报道（RETAIL REPORTS）——提供了主要购物城市和个人商铺的报道。

贸易展会（TRADE SHOWS）——提供了来自于慕尼黑国际体育用品及运动时装贸易博览会（ISPO），基于慕尼黑的赛事和其他国际运动贸易展会的报告。

编者选择（EDITOR' S CHOISE）——提供了灵感来源的每月纵览。

快照（BITESIZE）——提供了世界范围内运动装、新闻、带来灵感的品牌、人物、产品、展览、媒体等的简短更新报道。

《活力运动》具有剪贴簿、存档和搜索功能。

《青少年（Young/Junior）》

该目录主要针对的是设计师和市场营销人员。

时装业这个领域的变化非常快。沃斯全球时尚网在其中试图找出对更广泛市场具有冲击的标新立异的潮流，这些影响因素包括时装、音乐、全球文化热点、新兴艺术家、插画家和街头艺术家。

街头（STREET）——提供了从世界各地搜集到的上百张照片。还包括对关键造型、色彩、面料、印花、图案和针织方面的评论。

报道（REPORTS）——提供了从重要品牌到自主新品牌的新战略、热门话题和活动。

热门素材（HOT STUFF）——提供了热门人物、趋势、创意和设计的信息，以及态度、影响力和目标。

城市地带（CITY ZONES）——提供了世界时尚之都从时装到音乐、运动及娱乐方面的最新趋势。

快照（BITESIZE）——提供了可以带来灵感的人们、品牌、产品、新媒体、杂志和热门趋势的简短更新报道。

编者评论（EDITOR' S COMMENT）——提供了专家对于每月重要事情的评论。

《青少年》具有剪贴簿、存档和搜索功能。

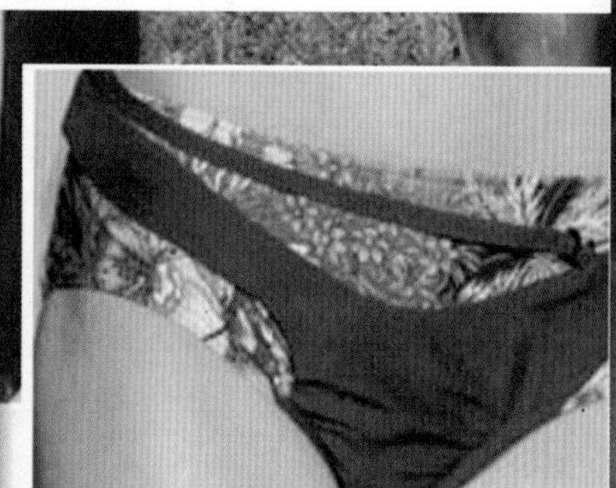

罗萨·查（Rosa Cha），春/夏季2008运动与街头系列设计（Sport & Street Collection）

女孩的造型

男孩的造型

金属和光泽感

民俗集市岛

彩格呢与格子

图形印花

男孩夹克

牛仔：表面和色彩

牛仔：灰黑色

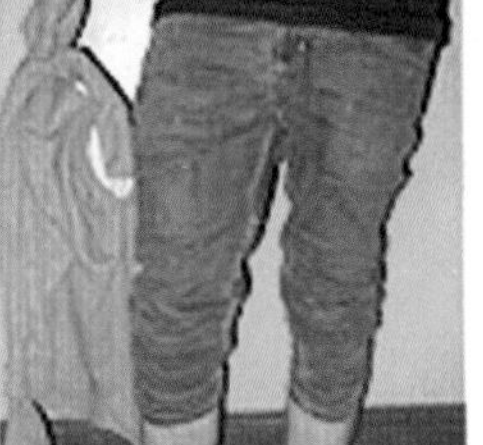
牛仔：七分裤

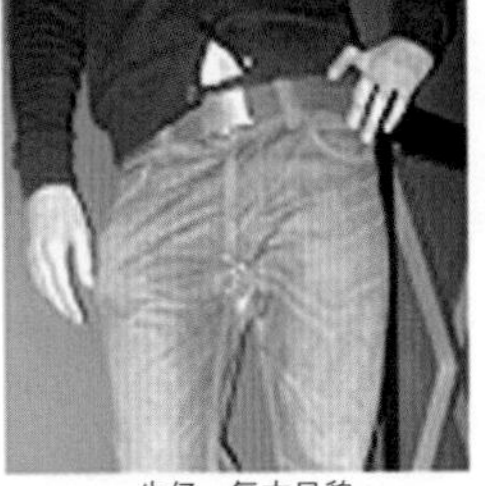
牛仔：复古风貌

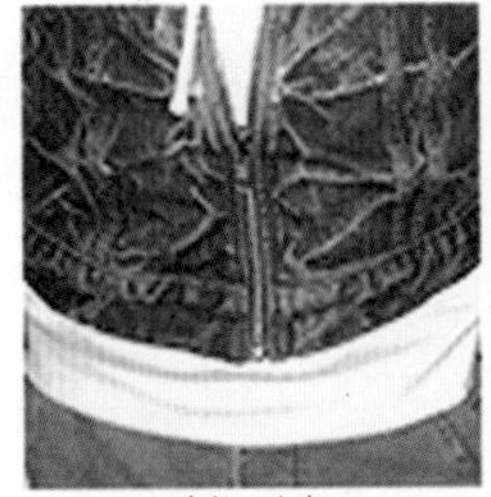
牛仔：夹克

牛仔：宽松样式

帽子和围巾

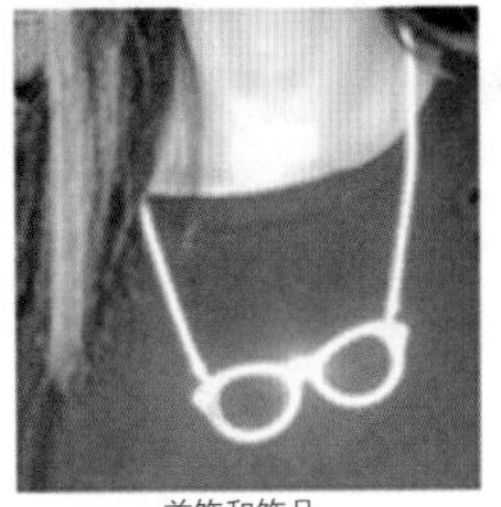
首饰和饰品

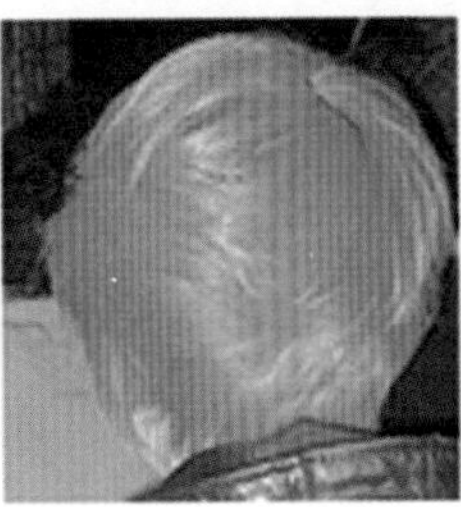
头发色彩

鞋类

脸部胡须

青少年街头报道

牛仔就是一切（Denim is Everything）　牛仔就是一切（Denim is Every-thing）　艾德温（Ed-win）

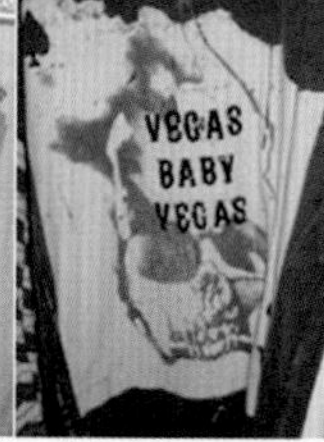

革命（Revolu-tion）　光鲜盒子（Boxfresh，英国潮牌）　莱斯庞德（Ring-spun，英伦最时尚牛仔大牌）

艾德温（Ed-win）　信仰（Reli-gon）　信仰（Reli-gon）

罗兰·贝瑞与锐步的合作产品（Roland Berry for Reebok）　艾迪克斯（At-ticus）　罗兰·贝瑞与锐步的合作产品（Roland Berry for Reebok）

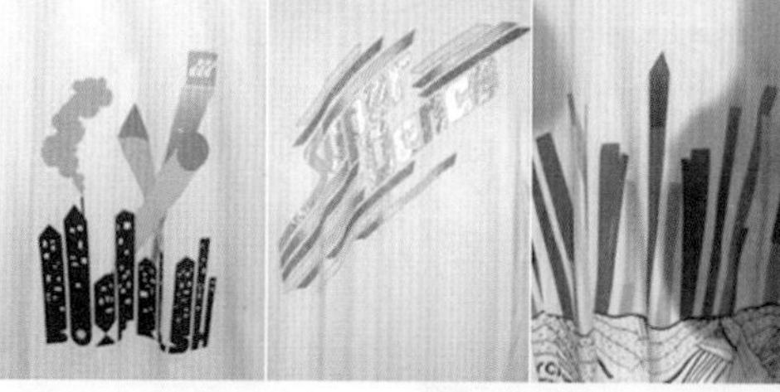

图形（Graphics）

该目录主要针对的是图形、印花和产品设计师、营销人员及视觉形象展示专业人员。

所供信息早于时尚季12个月以上，用于启发创意过程。

具有创造力的影响因素包括时尚、艺术、音乐、电影、全球文化热点、街头文化和时髦风尚的创造者。

精品（COLLECTIONS）——提供了不同行业的原创图书馆，这些主要指，在实践中可以下载的具体概念化系列，以及标识和纺织品印花方面可用的艺术作品。

沃斯全球时尚网（WGSN）——以可以下载80%的系列设计为目标，考虑到订阅者可以以Adobe Illustrator或Adobe Photoshop的格式对这些信息进行重新着色或重新创作。

剪贴图（CLIPART）——提供了一个资源图书馆，用以节约寻找特定图片的时间。

报道（REPORTS）——提供了印刷、包装、音乐、商铺和街头以及贸易展会的最新趋势。对于具有导向性的机构、平面设计艺术家和插画家也提供定期更新的报道。

快照（BITESIZE）——提供了关于图形世界所发生的所有事情的简短更新信息。

包装潮流(PACKAGING TRENDS) ——提供了季节性的包装影响因素，造型、灵感、潮流导向、材料和图形主题。

教程导览（TUTORIALS）——提供了一系列的设计教程，这些教程可以借助于计算机辅助设计的手段来提供设计捷径、技巧和窍门。

图形（Graphics）——具有剪贴簿和存档功能。此外，也可以进行报道搜索和图片搜索。在该目录中也可以提供可下载的图形。

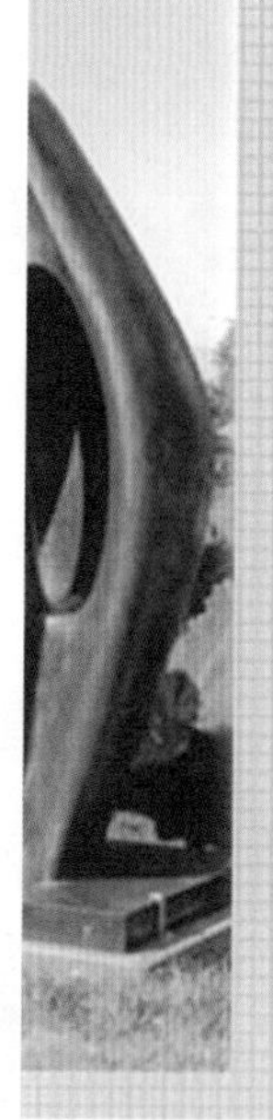

新生代（Generation Now）

该目录主要针对的是国际设计主管、市场营销人员和广告商。

该目录展示了来自于世界顶尖大学毕业生的才华。它涵盖了时装、纺织品、家居用品、技术、产品和汽车设计、摄影、新媒体及电影和动画。

报道（REPORTS）——以展会、进行中的工作、研究与企业项目为特色。

每周作品集（PORTFOLIO OF THE WEEK）——为最优秀的毕业生提供了参与的机会。每周都会重点推出一名毕业生。

毕业作品集（GRADUATE PORTFOLIOS）——提供了在线简历及展示来自美国、欧洲和亚洲等世界各地毕业生的精选作品，这些作品都是由他们的课程导师选出来的。

毕业生作品的T台展示（GRADUATE CAT-WALKS）——提供了优秀毕业生T台展示的图片报道，重点突出其在创新方面的才华。

学生热点（STUDENT BUZZ）——重点强调了最新消息和观点、设计类大学的展览和活动。

《新生代》具有剪贴簿、存档、日历、作品集搜索、报道/T台搜索功能。

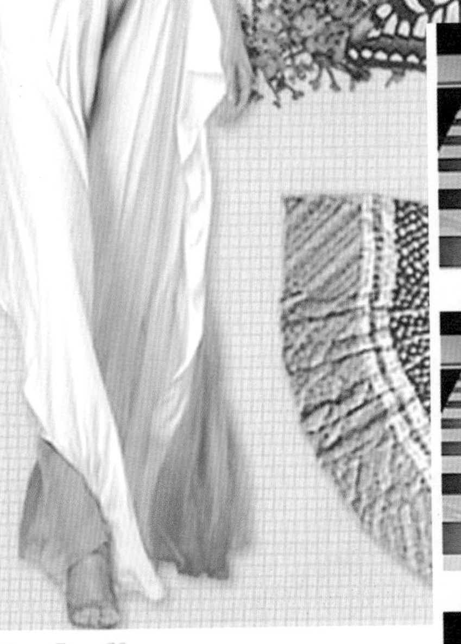

6 Soft cone
A soft, fluid A-line silhouette cre

新生代——新锐设计师

（Generation Now——New Talent）

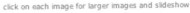

click on each image for larger images and slideshow

WGSN（沃斯全球时尚网）

卡林国际有限公司（Carlin International）

卡林国际是由弗雷德·卡林（Fred Carlin）在1940年建立的，他所具有的创造性才华和见解引起了风格和时尚方面新型代理机构和一种独特的跨学科研究方法的确立。

1991年，卡林将其影响力与领先的传媒公司厄尔·洛卡勒（Heure Locale）相联合。今天，位于巴黎市中心的卡林村（Carlin Village）是具有着战略意义的神经中枢、创意工作室、面料图书馆、小型车间。

作为一个兼做设计和广告的代理机构，卡林国际预感到了即将到来的流行趋势，创建了产品线，满足了企业和品牌的传播需要。将传播与趋势混同于一体的概念刚好和时装界专业人士们的预期相契合。

卡林国际将它的风格、市场营销与通信方面的专业知识相结合，大大增加了消费者的灵感素材。 他们的“专业知识”和协同作用的天分使他们可以针对个别项目量身定制出综合解决方案。除了流行趋势书籍以外，他们还提供个性化的咨询服务。

卡林流行趋势书籍是非常完整的信息目录，包括一年两次的主要潮流、色彩、面料和廓型的报道。由30位国际设计师和研究人员组成的创意团队对未来趋势进行预测。他们解码并预测正在出现的流行现象，通过对宏观趋势和短期趋势的预测来发展品牌战略或推出产品，他们对未来领先18个月~2年的季节趋势及未来3~5年所预期的消费态度进行诠释。

克里斯蒂娜·劳耶尔（Christine Loyer），卡林国际的造型师

卡林国际流行趋势书籍

卡林国际的设计工作室

卡林国际化的设计团队运用跨领域的技术，建造品牌战略、识别时尚潮流、创建产品线和传播品牌价值。它聘用了大量的专业人士作为图形艺术家、设计师、造型师、色彩专家、摄影师、多媒体研发人员、传播项目经理、销售和营销队伍、创意作者、信息专家和媒体代理机构。

他们网络的代理商覆盖了25个国家，以确保他们“全球展望”的品质和视野。它对于验证所辨识的流行趋势的有效性提供了独特的机会，同时也将文化差异纳入考虑之中。

造型代理（STYLE AGENCY）

造型代理开发出消费者的系列设计，并通过个性化的咨询服务为项目带来创造性的解决方案。

传播代理（COMMUNICATION AGENCY）

它针对国内外的市场营销传播提供了综合的和充满想象力的方法，并为品牌体系增加价值。

战略性咨询（STRAGEGIC CONSULTING）

通过消费者群体和发行商调查，战略性咨询探索了新兴市场和消费者态度、品牌定位战略、消费者行为分析、流行趋势跟踪验证等领域。

感光创意（EMULSION CREATIVE）

“感光创意”是卡林国际专门进行创意项目管理的独立子公司。它旨在重振商业团队的创意技能，并确保他们的项目可以获得创建性的探索。

上——图形设计工作室
中——面料图书馆
下——色彩小样图书馆

TO FOLLOW THE MOVEMENTS OF THE BODY
MOTIFS IMITATE ARABESQUES AND KNIT
USES RIB TRIMS.
运动趋势书籍中的页面

ORIENTAL FEVER
SEXY TOPS
OPTER UN STYLE TRÈS ORIENTAL,
UETTE S'ENROULE DANS DES
S ET POUR APPORTER
CHE SPORT, DES BANDES RAYÉES
NT LA TENUE.
PT A VERY ORIENTAL STYLE,
OUETTE IS WRAPPED IN SCARVES
ADD A SPORT TOUCH, STRIPED
UNCTATE THE OUTFIT.

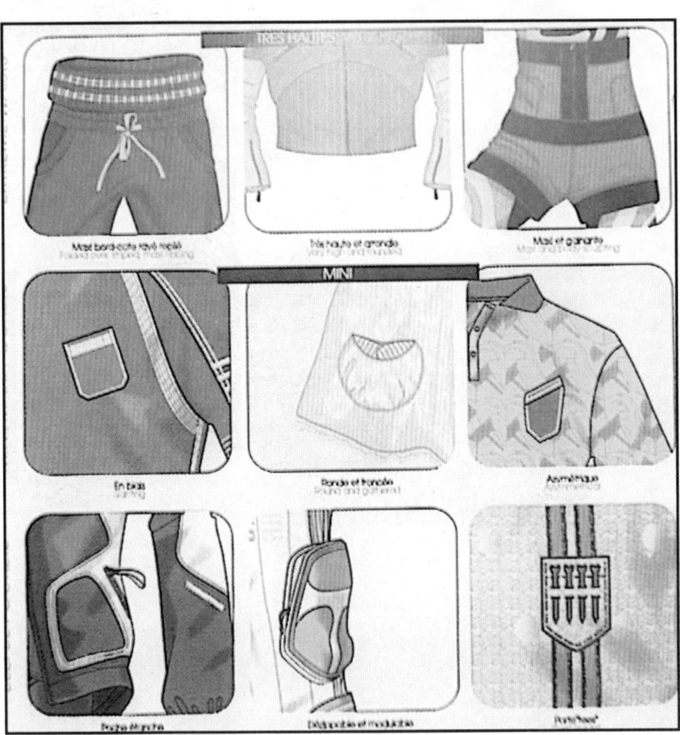

TRÈS HAUTES
MINI

TRÈS BASSES VERY LOW
MAXI

流行情报站（TRENDSTOP）

流行情报站是一个具有独特视角和客户群的在线预测公司。下面是两段访谈：一段是对首席执行官戛纳·加特瑞（Jaana Jatyri）的访谈，另一段是对流行情报站记者的一天生活的访谈。

与首席执行官戛纳·加特瑞（Jaana Jatyri）的访谈

1. Trendstop.com是什么？

Trendstop.com是一个在线的流行趋势书籍。它基于网络服务，提供新风貌、理念和灵感的每日更新。

2. 你们在哪里开展工作？

我们的流行趋势是由遍及全球网络的趋势猎头提供的。我们的总部设在伦敦，在那里我们拥有一个由20名趋势研究员组成的团队。我们在世界各大主要城市驻有观察员，如纽约、洛杉矶、东京、巴黎、米兰、柏林及巴塞罗纳。

3. 你们在Tendstop.com能获得怎样的信息？

对于在线趋势书籍，我们主要为订阅者提供最新的流行趋势信息。我们发布从T台展示、新晋设计师和街头样式中分析而来的季节性趋势预测故事和主要趋势。我们还为快速时尚的周转发布紧贴季节的预测。因为我们只关注流行趋势并拥有一个经验丰富的团队，所以我们的预测是非常准确的。

4.流行情报站（Trendstop）的消费者是谁？

我们的客户包括社会名流、造型师、电视和电影制作公司、设计师和顶级时尚品牌以及世界各地的零售商。

+VERY ENGLISH & VERY ECO
+ELEGANT, E-AWARE & ENLIGHTENED
+BRILLIANTLY BOYISH WOMANLY WAISTLINES
+BRITISH TRADITION
+FRESH FUNKED UP FORTIES FEEL!!!
TWEED

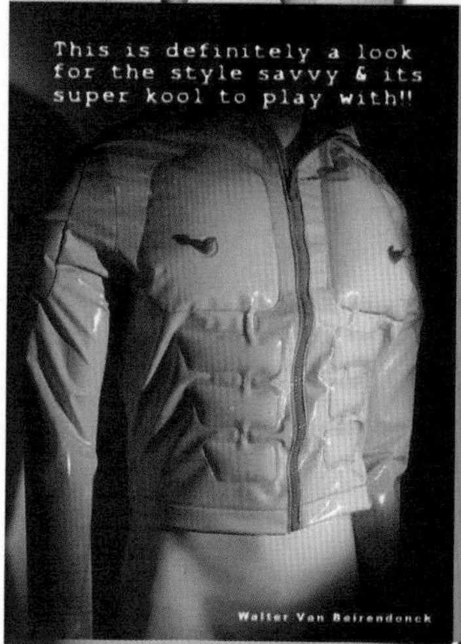

This is definitely a look for the style savvy & its super kool to play with!!

Walter Van Beirendonck

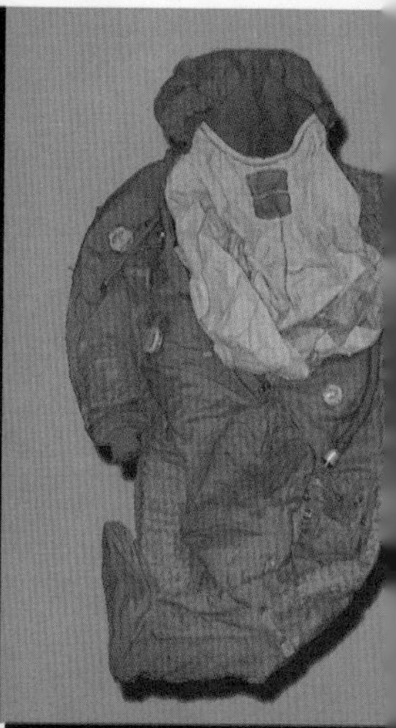

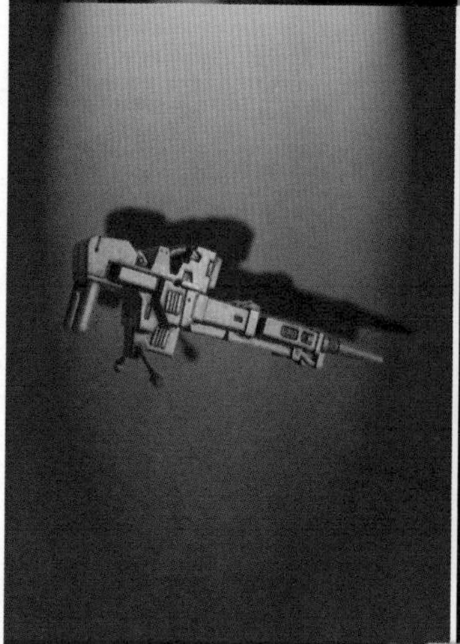

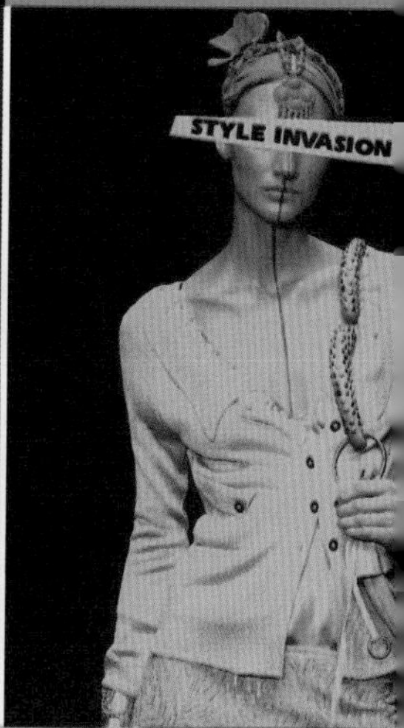

STYLE INVASION

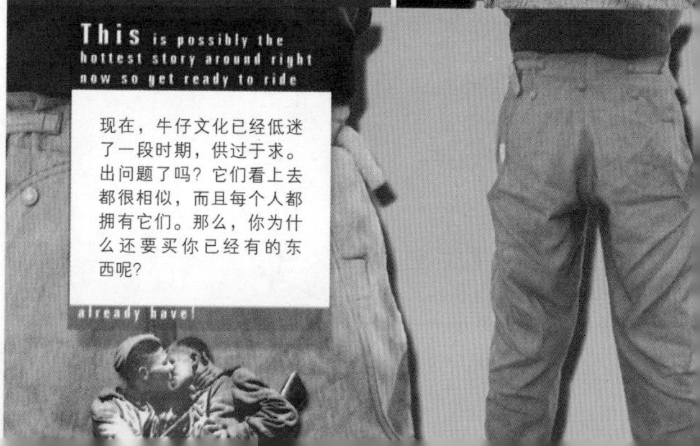

This is possibly the hottest story around right now so get ready to ride [illegible]

现在，牛仔文化已经低迷了一段时期，供过于求。出问题了吗？它们看上去都很相似，而且每个人都拥有它们。那么，你为什么还要买你已经有的东西呢？

[illegible] already have!

BUBBLEGUM!
L'Uomo Vogue 1988
PH PHACTOR
JUG BAND
the painted ship
seeds of time
Trendstop,s "Tailor Of Gloucester" say:
This is pure inspiration and point
to a reinvented concept of tailoring!
BEAUTIFUL! DESIRABLE! UNIQUE!
MATERIAL WORLD
EVERYTHING STARTS WITH AN...!
MATERIAL WORLD
TRENDSTOPS
KEY DECONSTRUCTION ELEMENTS!
CLOTHING WORN:
INSIDE OUT
UPSIDE DOWN
FRAYED
BURNT
SHREDDED
HANGING THREADS
SEAMS OUTSIDE
WITH HOLES
CROA! CROA!
美丽！雌雄共体！
强大！有力！
这一风貌赞美了比利时的设计师
the Belgian (Demeulemeester& Marg

5.你们如何预测流行趋势呢？

你们是在创造流行趋势吗？

流行趋势预测是一种市场调研的形式。我们对接受最新时尚的人群进行跟踪，然后根据我们的经验，对于某种样式在何时成为时尚主流给出结论。通过这种方式，我们可以给客户足够的时间应对即将到来的流行趋势，并根据需求为系列设计做好准备。

6.谁来决定流行趋势的色彩、廓型、面料和图案？

流行趋势是指在给定时间处于“流行”的共同主题，流行趋势预测者的工作则是充分了解这种“共鸣”，撷取那些正令人着迷和未来即将令人感兴趣的事物。至于更为实际的术语，我们会查阅街头时尚、俱乐部、前卫时装店、年轻设计师、T台等来深入了解即将流行的时尚。

7. 你们的全球报道是怎样的？

我们拥有一个精挑细选的、忘我投入的全球记者团队，他们遍布于全球重要的时尚之都，从纽约到东京，从赫尔辛基到悉尼。他们不断向我们设在伦敦的流行趋势总部上传图片和报道，我们的流行趋势团队将对这些信息进行分类整理并发布到我们的网站上。

8.戛纳,可以介绍您的个人情况吗？

我来自芬兰。19岁时我就搬到了伦敦，因为我想要学习时装。我于1999年毕业于中央圣马丁艺术学院［著名的时装学院，斯黛拉·麦卡特尼（Stella McCartney），亚历山大·麦克奎恩（Alexander McQueen）和约翰·加利亚诺（John Galliano）都曾在那里学习过］，并获得1999年一等奖学金的荣誉。

在实习期间，我在一家向时装工厂销售设计软件的公司工作。他们培训我使用他们的软件，并送我到那里培训他们的伦敦客户使用该软件。那是在20世纪90年代中期，设计师都不懂计算机。除培训之外，我的工作还包括在高街产品制造商那里帮助设计师把基本设计款型输入计算机。我为他们编制了短裙、衬衫、夹克等的资料库以及所有细节，例如与之相搭配的口袋、领子、拉链。

我发现每个公司所需要的服装基本款都是相同的，因此毕业之后我很快建立起了我的第一家公司，该公司向时装企业出售事先绘制好的计算机设计图库。我的第一批客户是玛莎百货（Marks & Spencer）和瑞沃·艾兰德（River Island）品牌。除了基本款型，设计师都想了解下一季的流行款式是什么——裙子是多褶的、带有荷叶边的、短的还是长的？因此，将T台的流行款式添加到基础款型图库中则成为一种自然而然的发展。

这些年来，流行趋势研究团队逐步壮大，直至2004年它成为我们主要的业务。

9.谁会使用《流行情报站》？

作为一种产品研发与设计的工具，《流行情报站》为各种类别的时尚与生活方式的公司所使用，大型和小型的公司都有。当你既没有充足预算来雇佣一支成熟的研究团队，也没有时间自己跑遍全球来搜集信息时，它有点像你桌子上的研究助手。客户也可以用它来进行展示、视觉营销、造型设计和拍摄照片的创意。

10.怎样加入《流行情报站》？

你可以在线加入www.trendstop.com成为一个基本会员。我们会根据每个客户的预算和要求灵活地选择最适合他们的打包文件。我们还可以为特级客户提供额外的内容、定制的更新信息和研讨会。

对《流行趋势站》预测者一天生活的访谈

1.你能告诉我你的工作细节吗?

我必须承认，一个流行趋势预测者的生活确实如您所期望的那样：一个永无休止的行进活动，热点聚会、时装展示、新的时装店开幕、媒体日、与街头一些相当疯狂的人谈话、不停歇地购物、环游世界、在我们最喜欢的商店买打折商品。在开始的几个小时里我会把我的所见所闻输入笔记本电脑中。

2.你为谁提供流行趋势信息，假定你的客户喜欢男装品牌?

我们的客户主要指需要准确、前沿且具有商业可操作性的流行信息的所有人、从自由设计师到全球化品牌，如瑞普·科尔（Rip Curl）和比拉·邦（Billabong，澳大利亚第一冲浪品牌）。

3.这些品牌会依据所寻找的信息制订出一份任务书，还是你只需凭借自己的判断力来搜集信息?

两者都有，我们为客户提供“特定（on spec）”的流行趋势分析，也提供基于全球零售分析、街头样式、设计师和社会趋势的一般性预测。

4.在你平常的工作时间里，你会去哪里寻找流行趋势，例如俱乐部、酒吧? 你会花费多少时间来寻找信息?

我们是专业的流行趋势观察员，所以我们可以连吃饭、呼吸和睡觉都能真切地感受到流行趋势，一周七天、全天24个小时、无论何时何地。这周我们刚去过许多地方：伦敦时装周、巴黎的第一视觉面料展、科莱特——欧洲最酷的商店、格温·史蒂芬尼（Gwen Stefani）和普林斯（Prince）的流行音乐会、霍斯顿市的“绿色是新的黑色”发布会、伦敦市中心卡纳比大街旁的“大门和混凝土”男装最新趋势展示会现场以及布莱顿的一些古董商店。

5. 你在寻找什么，什么会吸引你的眼球?

当你像我们那样关注流行趋势时，它真的就会成为第二个自然，而你会自然而然地受到任何新鲜、有趣事物的吸引。它真的好像拥有无形的触角，将你的注意力磁铁般吸引到具有流行价值的事物上。当一个具有吸引力的趋势紧紧地抓住你时，你将无力抵抗那种跟随它的冲动……

6.你总会留心那些为之提供流行趋势服务的品牌吗?

实际上，我们涵盖了所有的产品领域:运动服、牛仔服、定制服装、针织服装、配饰和鞋类。团队中的每一个成员侧重于不同的领域，我们一起收集大量的研究素材，然后会一头扎进去并剖析这些信息，直到我们对最新流行的风貌找出答案，就仿佛是一台老式的大型计算机。因为我们要进行大量分析并从多个角度来研究，所以当关注并描述流行趋势时，我们会明察秋毫。当然，当我们为客户完成度身制作的项目时，我们将会充分考虑客户的要求，并对其心中的品牌发展、热望和目标消费者进行具体地预测。

7.你是否会随时做笔记，或者撰写有关发现的报道?

这取决于你在什么地方。有时，如果你不能全部记住，用电话或手写的方式做些记录是很好的方式。

8. 考虑到在那里有如此之多潜在的流行趋势，你所扮演的角色有多困难?

我们是以全职工作来进行流行趋势预测的，这种全职工作占据了我们一天中的绝大部分时间，这意味着，我们可能会花费10倍多的时间对此深思与分析，而其他人不过是在他们活动之中偶尔地思考一下。我们被训练成为一种高效的、流行趋势识别机器，任何事情都不能干扰它的运转。这种专心致志的精神使我们能够轻松地发现所有重要的流行趋势。

9. 你如何进入角色?

我在伦敦中央圣马丁学院接受培训，如果我没有进入流行趋势预测的行业中来，那么我的目标就是成为下一个“约翰·加利亚诺”。我是一个富有创造力的设计师，但是我不喜欢纸样设计，而流行趋势预测允许我将我的创造力发挥到一个纯粹的智力水准。

10. 你认为英国确实有很好的时尚文化吗?

这里跟其他任何地方一样好，甚至更好。那些从事研究的人员将会发现到这一点。

11. 你认为英国仍然处于时尚的引领地位吗?

众多不同的全球性机构致力于国际化的潮流趋势预测，这一点日益成为全球共识。但是作为一座现实的、而非虚拟的都市，伦敦始终屹立在那里，其世界时装之都的地位会持续下去。

12.你是否会打折处理那些你认为不会有什么效果的样式?

你的意思是在金矿中整理出垃圾吗？我们每一小时、每一分钟都是那样做的，宝贝！

右图–《流行趋势站》的款式灵感来源。

流行情报站

Представляем колонку «What's Hot», которую ведет Яна Ятури из лондонского агентства FashionRiot и ее преданные трендхантеры

What's Hot

КАЖДЫЙ МЕСЯЦ мы будем информировать тебя о самых горячих стрит-фэшн трендах, замеченных на улицах Лондона и других больших городов. Так что смотри what's hot, и непременно будешь в теме.

1 ОГЛЯНИСЬ НАЗАД

«По ту сторону ретро» – так можно охарактеризовать модные очки этого весенне-летнего сезона. Из каждой декады берем по чуть-чуть – «кошачьи глазки» голливудских старлеток 50-х, 60-х: моды плюс Одри Хэпберн и, конечно, трэшовый нью-вейв 80-х.

2 ЗАЛЕЗЬ В ТРАНШЕЮ

Снова всплывают классические тренч-коты. Для девочек – короткие и приталенные, облегающие фигуру, для мальчиков – средней длины или небрежно скроенные короткие. Цвета: черный, темно-синий, оливковый, или классический бежевый, с закосом под аутентичность.

3 LOUD&PROUD

Яркие, кроваво-красные или ядовито-желтые аксессуары появляются во всех модных клубах Лондона, Парижа и Нью-Йорка. От туфель вишневого цвета до неоновых дамских сумочек. Массивный и заметный аксессуар – настоящий must-have сезона.

俄罗斯街头样式
把握趋势特点

ЭЛЕКТРИКА ВЫЗЫВАЛИ?

эжирующий ярко-синий цвет «электк» – настоящая встряска для всех едметов твоего гардероба. Одежда ета «электрик» – претензия на рьезный стиль. Обжигающий, пульрующий и глубокий оттенок синего ределенно добавит твоей внешности ня и поможет жечь.

ЧТО, ШКОЛЬНИЧКИ?

легающий блейзер на трех пуговк – обязательный элемент школьй формы в любой классический глийской гимназии – для настоящих гголей. Для достоверности не хвататорько вышивки или эмблемы на наудном кармашке. А теперь – вперед корять улицы больших городов.

СТАНЬ КОСМОНАВТОМ

ортивная серебряная или золоя курточка – самая хитовая вещь я модного чела. «Космическое» оисхождение цвета и покроя четко ределит твой имидж космического одяги. Самое важное – выбрать тускe серебряный и золотой тона.

7 МАКСИ-ФАКТОР

Приветом из 70-х – возвращается мода на очень длинные юбки и платья. Молодые и уверенные в себе красотки ходят по улицам в длинных макси-юбках из элегантных струящихся материалов с золотыми принтами. Отдаленно напоминает яхты Сен-Тропе и коктейльную культуру 1973 года. Самое главное – крупные психоделические или ретро-принты.

8 ПЛОСКАЯ ПОДОШВА

Устав от нелепо и непомерно высоких каблуков и платформ прошлого сезона, этим летом девочки решили носить совсем плоские сандалии. Стиль – нео-этнический, с длинными вязанными или плетеными завязками, плетеным верхом и этническими принтами. Для тонко чувствующих моду.

9 УБЕЙ ЦВЕТОМ

Вместе с аксессуарами, очень яркие светящиеся цвета проникают в самые модные бутики, бары и клубы. Канареечно-желтый, вишнево-красный или изумрудно-зеленый – они могут быть основными, дополняющими или детальными. Яркие леопардовые принты и или крупные рисунки «со скатерти» – как раз то, что надо!

10 СЛОЕНАЯ ШЕЙКА

«Слоеный» стиль наконец-то дополз до украшений. Теперь модно носить бусы, колье и ожерелья разной длины, толщины, цвета и дизайна. Они придадут богемно-интригующий вид и отлично завершат твой безупречный стиль.

Эти и другие фэшн-тренды можно найти на наших сайтах fashionriot.com и trendstop.com. Наши трендхантеры работают в самых модных мировых городах и никогда не ошибаются.

Fashionriot.com – покажи миру свой стиль и создай свое собственное портфолио.
Trendstop.com – обязательный гид по модным трендам для профессиональных дизайнеров и просто одержимых модой.

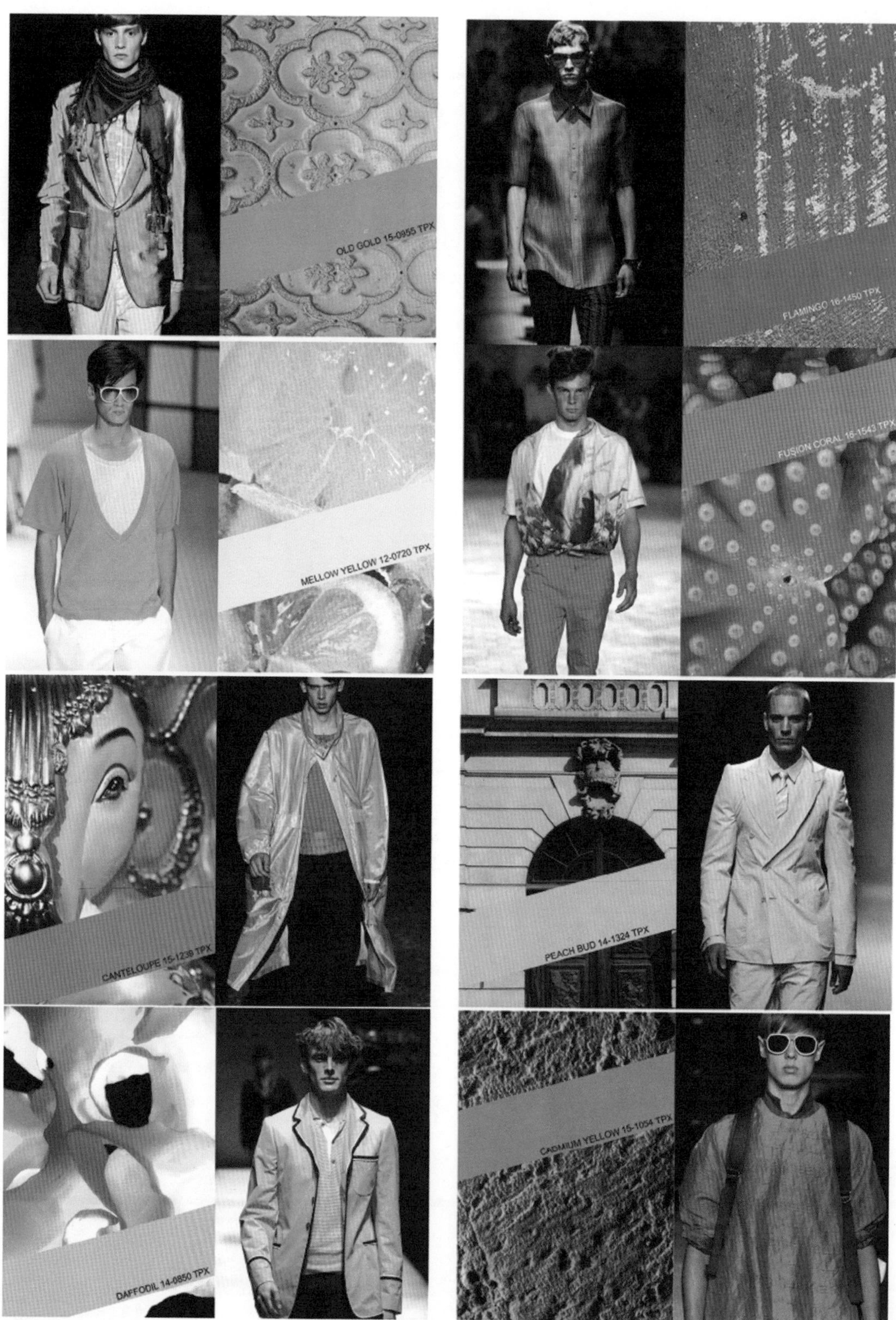
OLD GOLD 15-0955 TPX
FLAMINGO 16-1450 TPX
MELLOW YELLOW 12-0720 TPX
FUSION CORAL 16-1543 TPX
CANTELOUPE 15-1239 TPX
PEACH BUD 14-1324 TPX
DAFFODIL 14-0850 TPX
CADMIUM YELLOW 15-1054 TPX

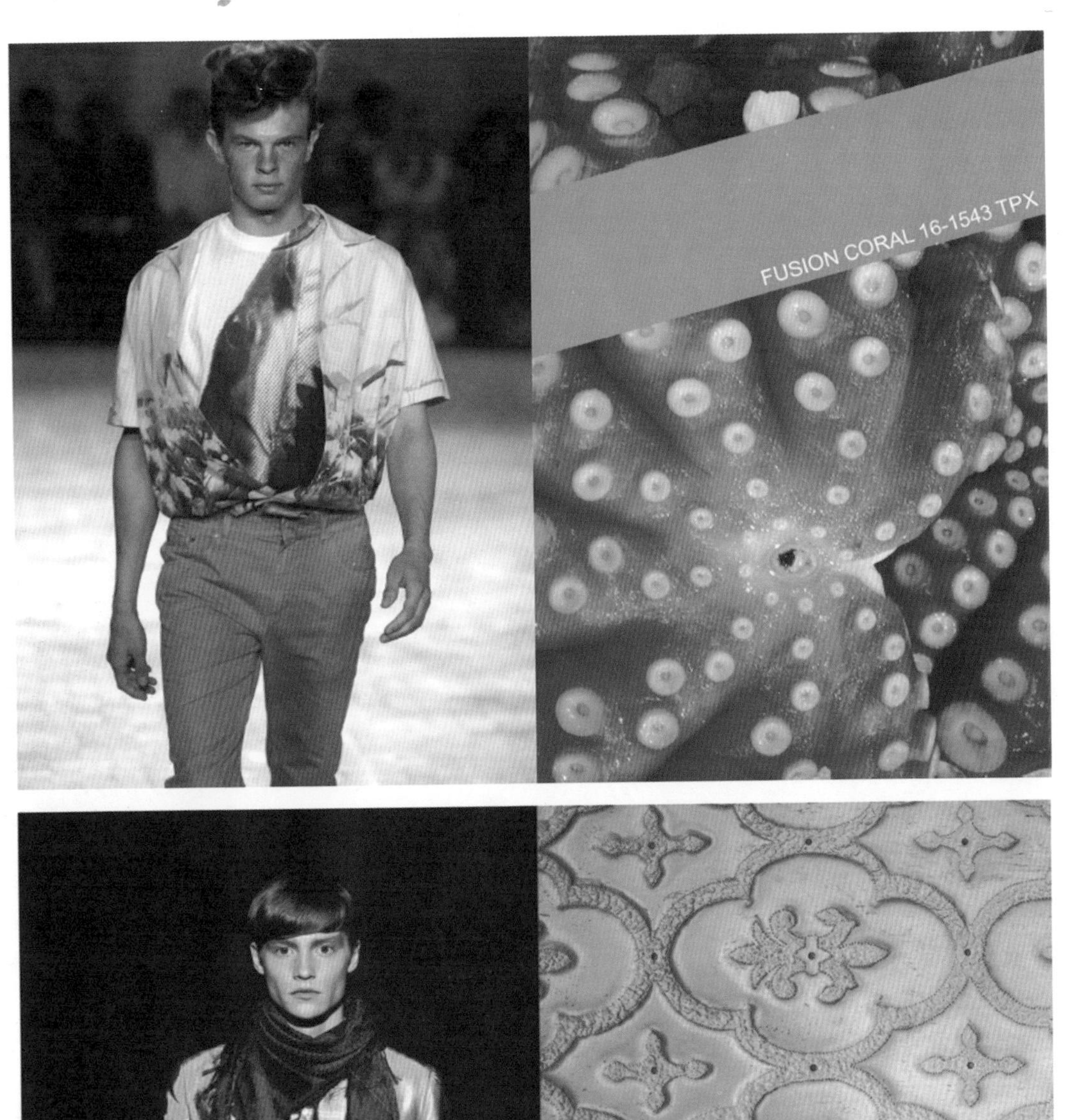

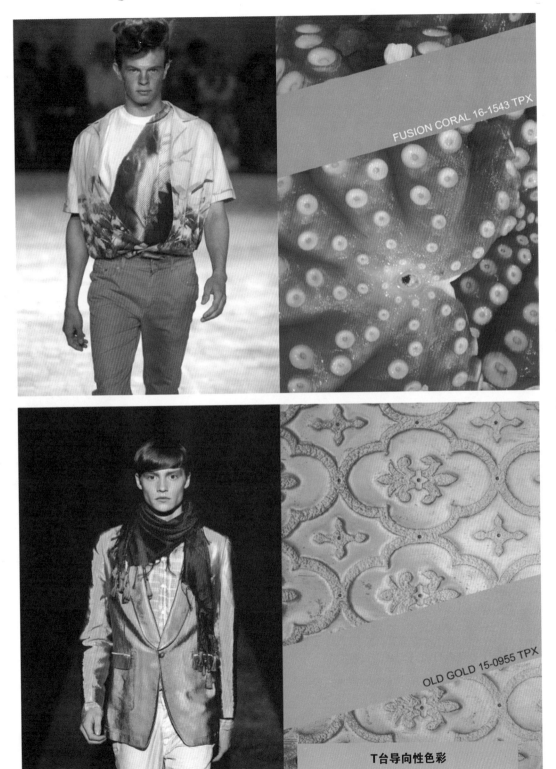

OLD GOLD 15-0955 TPX

T台导向性色彩

贝克莱尔·巴黎

贝克莱尔·巴黎（PECLER PARIS）

贝克莱尔·巴黎是一个流行趋势预测机构，针对消费者在时装设计、室内设计以及工业设计等领域的期望，它提供了一系列预览和破译流行趋势的出版物。贝克莱尔·巴黎成立于三十多年前，不仅提供咨询服务，也提供国际流行趋势预测的出版物。除了在纽约和巴黎设有办事处，还在洛杉矶、迈阿密和加拿大设有代理机构，贝克莱尔·巴黎还将对北美市场的广泛了解添加到他们所精通的欧洲和亚洲市场。

从战略规划到视觉营销，这个团队涉及到了生产制造过程中的每一阶段。无论是在台前还是幕后，他们对于所有层面的纺织服装、化妆品、家居和环境设计都作出了极大的贡献。

公司理念

贝克莱尔·巴黎（PECLER PARIS）为他们的客户提供了富有创造力的导向，这些导向会将附加价值增加到他们注重实效的解决方案中。这种将“社会文化横断面”分析与消费者透视、对未来的直觉把握相结合的能力会对所有市场带来切实可行的解决方案。

定制服务（CUSTOMISED SERVICE）

设计、产品开发、视觉营销、传播咨询。

品牌策略（BRAND STRATEGY）

针对一个品牌及其价值和市场定位的分析加推荐。

创意指导（CREATIVE COACHING）

与他们的客户一起创作出的核心概念，团队色彩、面料和设计方向。

零售购物目录(RETAIL BUYING GUIDE)

关于产品分类及编辑购物目录的理念。

产品开发咨询 (PRODUCT DEVELOPMENT CONSULTING)

具体的建议、研发与支持。

传播工具的概念化(CONCEPTUALISATION OF COMMUNICATION TOOLS)

定制的流行趋势书籍，色彩和面料手册。

视觉营销（VISUAL MERCHANDISING）

橱窗展示和流行趋势讲座的概念化与实现。

贝克莱尔·巴黎

PeclersParis

A MEMBER OF THE FITCH GLOBAL STUDIO

出版物封面

色彩

灵感

印花和图案

女装

男装

童装

运动装

未来——工业设计、媒体、电信、汽车业

生活——家装、零售部门、化妆品、文具、包装

产品（PRODUCTS）

这项主要业务关注于直接与客户工作、提供书籍和演示以及与咨询相关的项目。网站是贝克莱尔·巴黎另外的一个服务特色。涵盖了设计师的系列设计，但是它出自贝克莱尔的编辑，并以其独特的视角和理念提供相关和重要的信息。

露西·哈利（LUCY HAILEY），位于伦敦总部的贝克莱尔·巴黎的业务伙伴

伦敦总部

露西描述了贝克莱尔·巴黎的理念和工作实践以及流行趋势预测行业目前是如何运转的。

流行趋势预测是一项复杂的工作，它包含了一种将富有创造力的直觉、敏锐的观察力和市场知识相结合的独特能力，为贝克莱尔书籍工作、做出贡献的每一个人，都具有在特定市场领域从事过几年项目咨询工作的经验。巴黎总部拥有一支由60位设计和管理方面的高级主管组成的强大队伍。作为一个为26个国家提供专业服务的国际网络，贝克莱尔每年出版二十多种重要的季节性预测出版物。他们的主要客户来自于纺织品设计、服装设计、化妆品、家居用品和环境设计等行业。

是什么使得贝克莱尔与众不同？

贝克莱尔是流行趋势预测行业中的“劳斯莱斯”；他们为设计、产品研发和传播咨询等各个方面提供定制服务。

这个团队的工作包含了生产过程中的每个阶段，从战略规划到视觉营销，这些工作可以帮助每个客户强化他们的独特性并发展出具有革新意义的战略。

色彩的重要性（IMPORTANCE OF COLOUR）

贝克莱尔是以其色彩导向而闻名于世的。制造商、零售商、纱线和纺织品行业都将色彩作为设计与选择进程的出发点。在对适合的色彩系列和色彩故事进行选择时，经验和判断是至关重要的，因为色彩是每一季产品成败的关键。在工业中，色彩使用是非常严肃的事情，而且是需要苦苦思索的——你认为你拥有“很正”的红色，但是后来发现你完全用错了！对于当季的销售额来说，这个决定无疑是具有灾难性后果的；大的品牌和零售商常常会因为选用了错误的色系而损失上百万元。

贝克莱尔制作了一本色彩手册——《色彩》，会提前两年来预测一季的色系、色彩组合以及市场中的具体色卡。

贝克莱尔·巴黎

新材料、光泽和后整理对富有灵感的视觉展示提供了支持。他们的客户都喜欢包含于这些书籍每一页中的面料、色彩和纹织样品所带来的可触摸感觉。

色彩手册中所描绘的色系会随着季节发展而被转印到其他出版物中并会不断得到更新。

灵感（INSIPIRATION）

对于奢侈产业来说，《灵感》图册是一个必不可少的工具；它从时尚的视角对季节概念作出预览。这是由创建“智囊团”会议的每个部门的主管所发起的，在会议上每个部门会带来创造性的直觉感受及举行重大艺术活动的经验。建筑、展览、文化热点、色彩或者科技发展都成为讨论的内容，也同时构成了灵感图册的基础。这本图册的覆盖力是最广泛的，销往设计行业中的所有领域。

编辑（EDITING）

流行趋势出版物对业内未来规划来说是必不可少的。以富有经验和准确的方式对海量的市场信息进行编辑，可以对设计和选择起到辅助作用。许多大公司和品牌从众多的预测机构购买信息，其目的在于验证和确认他们专业市场领域内的流行趋势导向，并得以发展。一些公司聘请专业人员来编辑内部的资料。

现在，产品从订货到交货的时间非常之快，这使得时装品牌可以从分析自己的市场或者在世界范围内拷贝设计师的系列设计和样品来快速地研发服装款式。这种可用信息的超负荷状态使得设计师很难进行筛选以作出明智的决定。现在，消费者们越来越成熟而自信，因此作出准确的决策是至关重要的。贝克莱尔的作用则是砍掉无关的信息，通过超负荷的筛选工作来编辑信息。对于流行趋势中衰退潮流的预测也是预测者的工作，这样可以非常精确地给出趋势从起始到下移时刻的山形图。

代理商的作用（THE ROLE OF THE AGENT）

贝克莱尔会仔细选择他们的代理商——即所谓的商业合作伙伴，他们都拥有广博的营销知识并出身于创意背景。他们的任务包括：提供出版物，为客户进行讲解、提供更多的支持和指导。他们每6个月会在贝克莱尔举行一次会议，会议向他们引介每季的出版物，并就下一季流行趋势的关键影响因素进行谈论。这一点很重要，因为他们有可能会同时“忙于（on the go）”三季的预测——刚刚结束的春季、当前的冬季和来年的春季。

公司可以以各种方式运作，例如，从上季信息进行更新；有些零售商则不去等待，当他们对于趋势故事内涵十分有把握时，会使用超前于当季的信息。巴黎总部会到现场听取域外代理商们的信息分析反馈，了解消费者对产品的正面与负面感受。

产业如何利用这些信息?

时尚产业

顶级的时装制造商和零售商们订购了流行预测公司出版的大量书籍和在线报道；虽然这些信息很昂贵，但是他们对即将到来的设计给出了肯定的决断，为了能够在竞争中居于领先地位，尽可能地具有影响力是很重要的。

整体“风貌”

当新趋势到来时，它们常常处于原始状态，对于客户来说，要使其欣赏新趋势是具有相当大的挑战性的，因为对于当前的流行趋势来说这些新趋势未免太过于古怪，但是随着时间的推移，这些新趋势就会发展成为真正特别的和符合人们趣味的事物。对一种潮流本能感受的肯定将会有助于它的销售。他们开始预测提前两年的季节信息，新趋势可能会十分令人震惊，例如，当“波西米亚样式（Boho）”流行开来时，纯色就落伍了。

这些书都是为设计师准备的，书中蕴含着大量真正有用的知识，可以为你的公司带来额外的百万收入，公司运用这些前沿信息来参与竞争，同时使其在竞争中居于领先地位。

设计师必须学会如何结合他们所在的时尚领域对这些信息进行诠释，对结果给予解码、翻译和渲染，并对色彩有感觉等等，这就是“创造力”的本质。懂得如何使用这些趋势出版物，设计师会爱上这些图片。跟踪长期的流行趋势会比跟踪那些与音乐潮流相关的、变化无常的年轻人的市场流行趋势更容易。

广泛的设计产业

更为广泛的设计和服务行业会充分利用流行预测信息，这包括网络和图形设计、媒体传输、电信。这些公司需要流行趋势信息来理解他们为之提供服务的行业。与十年前相比，设计现在已经成为一个公司内部结构的核心焦点，人们慢慢意识到，如果你不投入时间，如果你没有设计部门或者从不购买信息，那么你的公司将处于非常不利的地位。设计改变产品的面貌以求得改善，使它们更好、更漂亮，这种改变是合乎其目的，或者更具生态环保的意义，同时会丰富消费者的体验。

全球市场

贝克莱尔不断评估新兴的客户群体，例如，在中国、波兰和南美的一些国家和地区。这些新近扩张的市场为多元化的设计服务提供了机会。这些服务是发展中国家所需要的，不仅可以对生产给予支持，也可以对设计和服务性行业增进了解。

Engraving
story
Se perdre en fantasmes dans une nature
sauvage et mystérieuse. Jungles et
végétations exotiques se recomposent en
panoramique luxuriant dont l'exploration
révèle une faune insolite, des éléments
cachés, dans un'foisonnement déjà apaisé
par la stylisation. Eaux-fortes,
carte à gratter ; la ciselure contient et
dessine une opulence végétale et étrange.

《概念·巴黎》内衣顾问

《概念·巴黎》是引领潮流的内衣设计的源头。

作为一个具有影响力的流行趋势预测和设计顾问，他们会进行与身体时尚各个层面相关的设计与报道；服务于制造业和零售业的全球引领者，他们会根据自己对内衣市场发展的研究来提供书籍和设计。

《概念·巴黎》的理念已经发展了人们对当今女性的理解，即一个睿智、见闻广博和有教养的消费者。公司认为，如今，消费者商品的供应者实际上是娱乐行业的一部分；系列设计是以主题和故事的方式来讲述的，因此它们具有创新性、使人兴奋是很重要的，同时可以为未来消费者创造出一种“哗然（buzz）”的效果。

流行趋势书籍

流行趋势书籍将富有创造性的挑战与领先18个月的内部零售信息相结合，针对的重要人物有：流行趋势总监、设计师、经销商、营销主管、品牌经理。

书籍：《变化的表征》

这本书分析了当前商业化的流行趋势，为新一季、品类组构的建立和系列设计战略创作出超前的色彩、面料和印花及主要设计主题。一份检验市场流行趋势的店铺报告是根据展会上调研获得的信息进行创建的；包括系列设计照片的信息都经过专业化地编辑加工。这样《概念》的视角与客户的灵感可以放在一起进行表达。这本书在每年的3月和9月发行。

书籍：《设计概念》

这是《概念·巴黎》出版的主要流行趋势书籍，以极富灵感的廓型表现对最重要的新趋势的深度分析。

四个流行趋势是从“改变的信号”发展而来的，并被拓展成为具体的设计理念，以极富灵感的图片和面料小样的形式来涵盖设计师和细分市场。这其中包括了展示T台设计师影响力、营销和包装理念、超前的色彩故事、面料小样及印花拓展的独家照片。这本书在每年的5月和11月发行。

咨询业务

该业务来自于《概念·巴黎》的面料及服装制造商品牌和零售商委员会的特别项目，提供全程的设计服务。该业务范围包括从具体的流行趋势信息、设计方面的帮助与建议、采购和营销问题、为客户量身定制的市场级别和定位，到网站更新、专业购物目录以及对巴黎、里昂、上海和香港贸易展会进行的报道。

UPDATE
概念已来

Interfilière colours 07/08

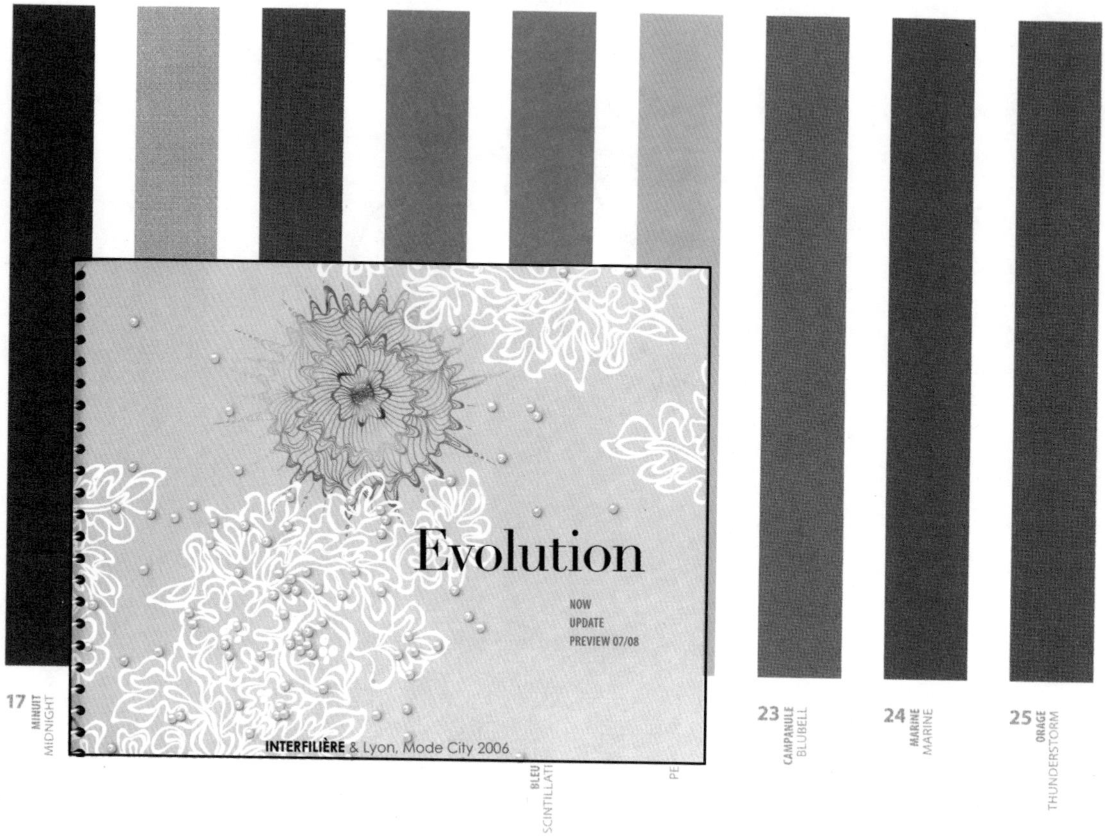

17 MINUIT MIDNIGHT

BLEU SCINTILLATI

PE

23 CAMPANULE BLUBELL

24 MARINE MARINE

25 ORAGE THUNDERSTORM

Evolution

NOW
UPDATE
PREVIEW 07/08

INTERFILIÈRE & Lyon, Mode City 2006

流行趋势发展书籍

《概念・巴黎》会对创建这种流行趋势出版物有所帮助，专门为辅料展会、法国巴黎国际内衣展而设计。该书提供了不断变化发展的市场的所有关键细节。

Couleurs Interfilière 07/08

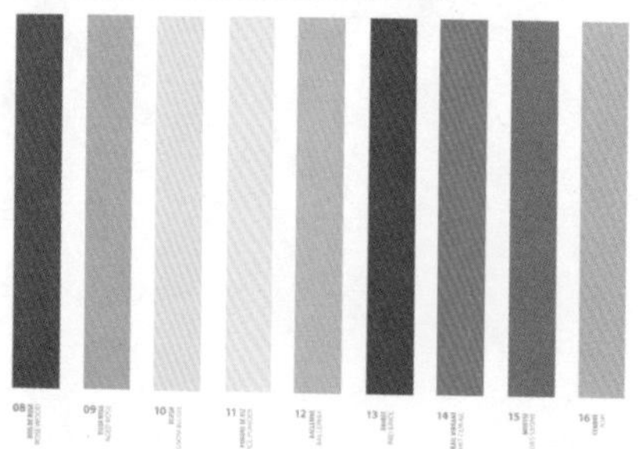

色彩

色彩是内衣设计中最为重要的元素之一，并与材料运用相互作用。这些色彩的影响因素常常会以街头服装和室内设计作为灵感来源。

色卡是为事先选出的色彩故事给出名称，专门为展会论坛而进行选择的。

这些色彩的选择是由一组内衣专家每两年进行一次；专业人士会带着基调板到达现场，并围绕消费者的流行趋势及对色彩销售的态度讨论他们的想法；这些讨论将会融入到主题中并构成展示理念，从行业角度来看，这些主题和理念主要针对到访者，并告知他们即将到来的流行趋势。

面料

通常内衣的裁剪不会有太大的改变，面料设计本身就成为高于一切的因素。这包含了深入的实验以及与纺织品制造商的合作伙伴关系。专业的内衣面料制造商每季都会通过图案、色彩和组织结构、手感及性能等对他们的产品进行研发和扩展。

新设计完全受到了科技创新的推动；例如，有机的、可塑的、压印的、可调温的、拒污的、热塑的或减肥面料、激光切割、（适于太空服装的）隔离面料和“可切割”花边。制造商需要不断了解消费者行为的变化，并在应用技术方面进行精明投资以保持其市场份额。

内衣展会

内衣展会举办的目的在于为内衣设计师、零售商和制造商开拓新视野，提供进入新市场的捷径，并与其他内衣专业人士进行交流。

法国巴黎国际内衣展（SALON INTERATIONAL DE LA LINGERIE）

法国巴黎国际内衣展是内衣领域的最大展会，在巴黎举行。来自世界各地的内衣买手、设计师、纺织品制造商以及内衣品牌都会参加展会以进行销售和调研。在这里各品牌商和设计师将会把他们的系列设计推销给买手以备下一秋冬季使用。

辅料展

辅料展在巴黎和里昂举行。

这种面料及辅料展将会展现出他们所能提供的最好材料，从蕾丝、刺绣、针织布、梭织布、织带、装饰料及各类服饰配件，到以最佳效果展示出来的最具创新特色的面料。它每年吸引着大约25000位专业人士、参展商及参观者。

Au Musée
Museum pieces
A l'œuvre : le passé le plus précieux et authentique, XVIIIè siècle en tête. Autant de tableaux et toiles de maître où puiser le nouveau raffinement.

Mini boutons empruntés à la noblesse XVIIIè.
Mini buttons borrowed from the 18th
Dentelle d'aujourd'hui mais alliée aux imprimés boudoirs.
Modern lace mixed with boudoir
La taille Empire comme nouvelle ligne à suivre.
Keep an eye on developments of the

Robinson Moderne
Modern Robinson
Flous artistiques, tonalités délavées de kaki et de jean, effets fait main et customisés, effilochés ou déchirés.
Diluted tones of khaki and denim, hand-made and customised, torn effects.
Bacus

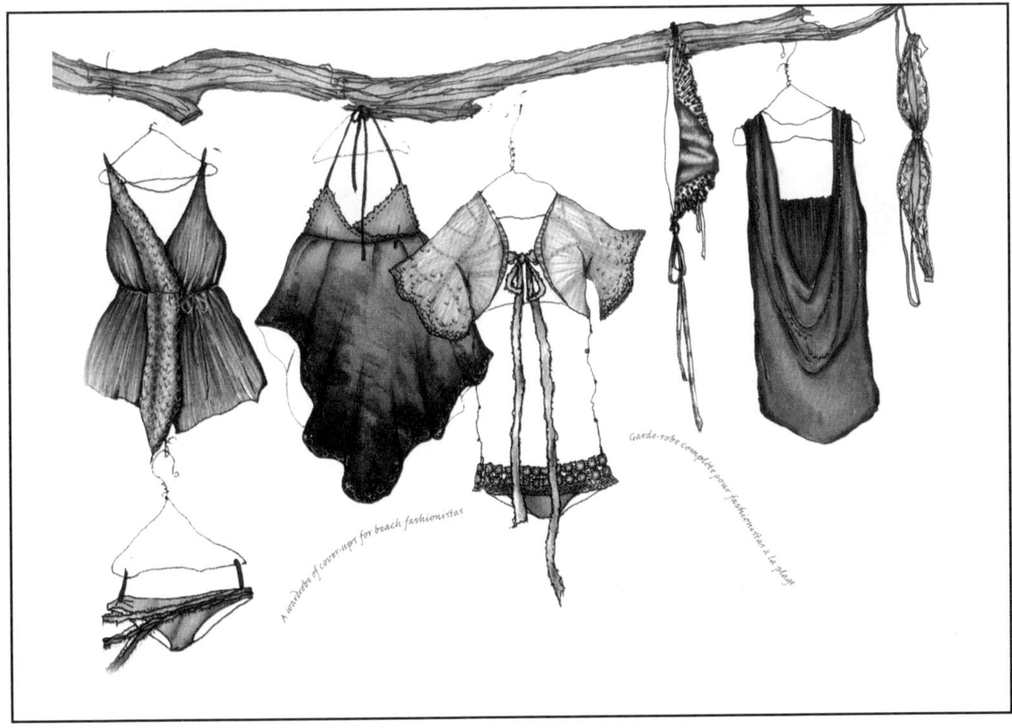
A wardrobe of cover-ups for beach fashionistas
Garde-robe complète pour fashionistas à la plage

Pour le thé
Teatime

Au goût du jour : l'art de vivre le plus délicat et le – bon – sens des jolies choses. Fleurs, finesse porcelaine, délicatesse des détails… l'envie de soigner les apparences s'impose.

The art of living at its most refined and full of pretty things: flowers, fine porcelain, delicate details … the desire to pay attention to appearances.

La grâce prend les devants. Et charme la silhouette à travers un délice de détails.

Graciousness leads the way through a delight of details.

34 **Interfilière & Lyon, mode city**

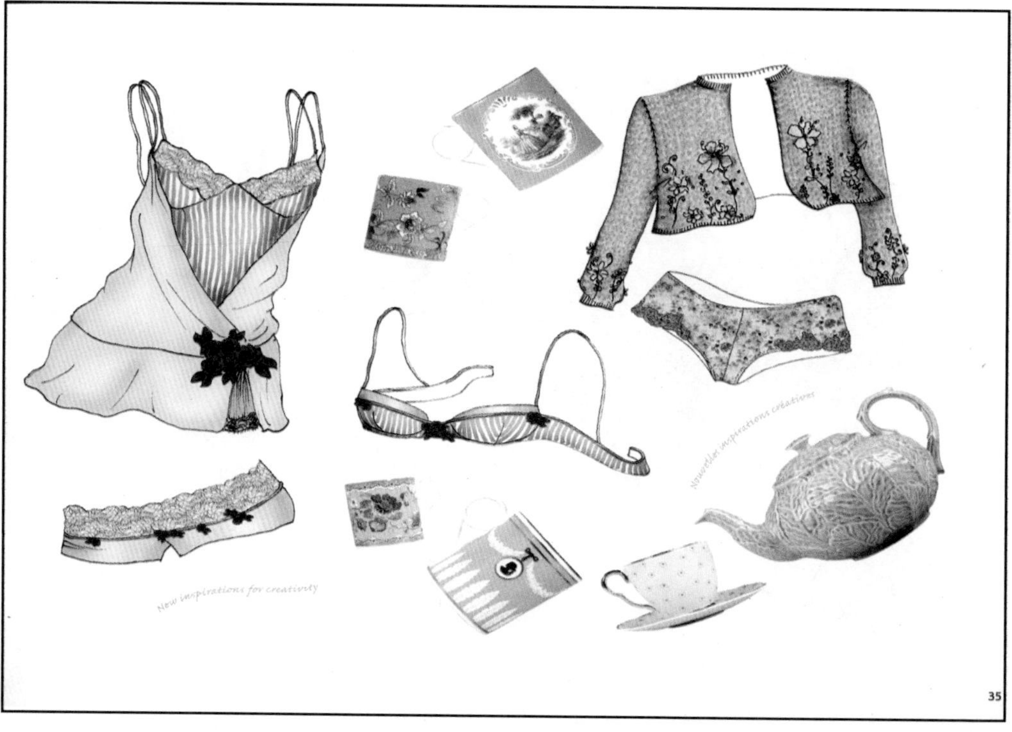

Fleurs ornementales
Decorative flowers

L'esprit papiers peints continue de plus belle et de plus fleuri. Motifs arabesques, rondes de pétales, effets pochoirs, alliances botaniques impriment partout leur radieuse élégance.

Wallpaper looks continue with the flowers more beautiful than ever. Arabesques, petals, stencil effects, botanical mixes cast their elegant radiance everywhere.

Weisbrod-Zuerrer

117

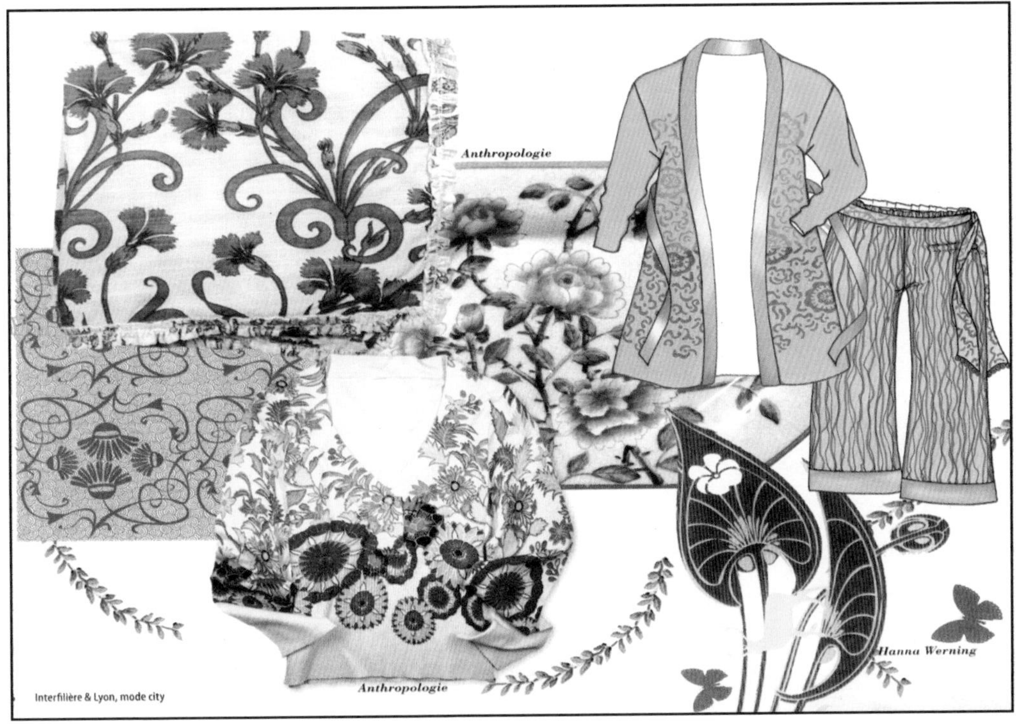

李·埃德库克（Li Edelkoort）& 时尚联盟（Trend Union）

李·埃德库克是潮流预测学科的领军人物。她是埃德库克工作室的董事，时尚联盟的创始人，被设计领域中所有人奉为“风格教父”。

埃德库克出生于荷兰，但却以巴黎女性的身份而广为人们接受。她形容自己在潮流预测方面具有清晰的头脑。

近15年来，她一手创建并引领着一个可以为各个领域中的公司企业提供趋势信息的工作室，从汽车用纺织品到化妆品。

埃德库克通常从现在开始发布在未来两年甚至更长时间内流行的色彩和材料，她认为，“没有领先的认识就没有创造，没有设计产品就不会存在。”她以这种形式定位于专业人士，旨在对社会发展和即将发生的消费者品位改变的征兆信号进行解释，并且不忘考虑经济现实。

埃德库克不断到世界各地去旅行、倾听、购物和探寻，以获取一切信息。她涉足每个领域，政治、民族、艺术、文学以及消费者动向，所有一切都处于她的观察和分析之下。

她闻名于世并受到尊重，她的权威和影响力涉及时尚、室内和产品设计的趋势概念预测。

她成为欧洲大型纺织展会的督导委员会中的一员，参与色彩和趋势的选择。她同时担任英国皇家艺术学院的客座教授。她是《ELLE装饰》编辑理事会的成员，并被《面孔（*Face*）》杂志评选为全世界时尚领域内50位最具影响力的人物之一。她还是荷兰埃因霍温设计学院的导师。

埃德库克的哲学是建立在“共识”基础之上的，正如她所解释的那样“当人们对一个行业全部了如指掌时，也就没有任何继续下去的意义了。我想尽可能完整地做我所做的一切，而不只是说那些人们想听的话。我还想激发人们的创造力……我不想给出规律，而只想制定出一个大致的框架。”

时尚联盟（Trend Union）

在埃德库克的领导下，时尚联盟于1986年成立，旨在创建流行趋势书籍。这是一个由10位设计师和造型师组成的协会。他们中的每个人都在时尚和室内设计行业的不同领域内开展着自己的专业活动。

每个季节伊始，这些职业人士聚集到一起，提出每个人的想法、观点和材料来对未来的色彩和趋势潮流给出定义。

流行趋势手册（Trend Books）

流行趋势手册是按照主题进行编排的，并附以可以暗示出流行趋势的各种各样的材料，例如照片、织物、手表、纱、线、报纸、剪报、各种物品和小配件。它们通常附有专门的小册子，聚焦于特定潮流的细部。购买流行趋势手册的客户来自于建筑、汽车、化妆品、时装、配饰、室内、纺织品的制造、设计、市场营销和零售领域。

在当今激烈竞争的世界中，对于那些想在特定市场中力争领先地位的公司来说，这些手册起到了重要的辅助作用。它们激发灵感并提供信息，使客户能够形成他们自己的设计和市场营销策略。其标题包括：色彩和色彩工具、潮流总览、男装色彩、纹样手册、可触摸织物、美容手册、关键单品、养生和生活方式。

展示和研讨会

每一季，在巴黎的工作室里都要举行一场视听展示，大约在巴黎国际面料展第一视觉的时间段内。此外，视听趋势展示还会在日本、斯堪的纳维亚地区、美国和英国举行巡演。

面向世界

时尚联盟在澳大利亚、奥地利、比利时、法国、西班牙、德国、荷兰、意大利、日本、韩国、中国台湾省、英国和美国都设有代理机构。

杂志

埃德库克还创办了一家出版公司，为设计专业人士出版*View on Colour* 和 *Inview*杂志。随后，她还发行了*Bloom*，一本流行趋势杂志，主要针对鲜花和种植业，但却有着更广泛的吸引力。

其他服务

——时尚联盟视听展示的内部秀。

——向时尚联盟的成员进行咨询。

——具体的项目档案的概念和实现。

——流行趋势论坛的实现和展示。

——与李·埃德库克会晤

新加入的客户还包括尼桑（Nissan）、摩伊（Mooi，法国高级寝室及床上用品品牌）、康柏（Camper）、古琦（Gucci）、飞利浦（Philips）、可口可乐（Coca Cola）、雅诗·兰黛（Estée Lauder）、斯沃琪（Swatch）、兰蔻（Lancôme）和威娜(Wella)。

时尚预测公司：普罗摩斯特（PROMOSTYL）

www.promostyl.com

普罗摩斯特是一个总部设在巴黎的全球趋势预测机构，在全球范围都有自己的代理网络。普罗摩斯特致力于生活方式趋势的研究，从平衡创造性和商业可行性的角度给出适用于所有市场的色彩和廓型指导。在近40年间，普罗摩斯特与各个领域的重要公司合作，包括服装、美容、汽车、消费者产品以及更多的行业领域。

普罗摩斯特提前18~24个月为其客户提供设计解决方案。色彩、影响因素以及面料趋势手册构成每个季节的四大主题。这四个主题随后将会针对特定的市场被进一步细化、丰富和进行适应性调整。

这些手册包含各种绘画、手稿和照片，对未来服装趋势提供逼真而精准的视角。这些手册出版有英文版，法文版，日文版，其中一些有中文版，并附有面料小样和产品演示的光盘（CD-Rom）。此外，一些非常有价值的灵感、标识和独家印花的资料也以用户所支持的格式包含于其中。

瑞典信息情报检索公司（INFOMAT）——时尚业的搜索引擎

瑞典信息情报检索公司（INFOMAT）与国际时尚界最好的色彩和流行趋势服务提供者合作。他们与顶级的时尚预测公司一起，提供一个潮流时尚的论坛，使零售商和生产商互相沟通，从而找到潮流分析、街头风格、店铺橱窗、T台和贸易展会报道以及可以预测为时尚设计和零售业的未来的消费者趋向。它们每年会对全球时尚业的3500多项事件进行跟踪报道。

米洛·科特造型与设计（MILOU KET STYLING&DESIGN）

www.milouket.com

米洛·科特（Milou Ket）造型与设计位于荷兰的皮尔默伦德（Purmerend）。

米洛·科特（Milou Ket）提供一系列趋势书籍，如《室内（*Interior*）》、《创新实验室（*Innovation Lab*）》、《室内色彩（*Interior Colours*）》和《女装潮流（*Womens Trends*）》。她在咨询领域颇有经验。通过最初的介绍，她可以明确表达用户的需求。这主要取决于市场级别、形象、目标人群、价格水平、竞争、定位和公司策略。

米洛走访许多国际大都市去购物，她解读消费者、贸易杂志并参加贸易展会。她分别是几个时尚协会的成员，并走访国际时尚讲座。

基于当前和未来趋势所关心的风格走向，一个关于高级定制造型的报道被提出，包括色彩、材料、印花和后整理、造型和其他重要单品。根据需要，客户可以和买手、业务人员一起制订并实现一个系列产品的研发计划。米洛·科特也可以独立设计印花并暗示出色彩设计和色彩组合效果。

娜丽·罗荻（Nelly Rodi）设计事务所

www.nellyrodi.com

娜丽·罗荻（Nelly Rodi）是一个专门从事出版目录手册的色彩趋势代理机构，这些目录手册可以帮助创意团队和生产商研发未来的产品线。

该公司位于巴黎，拥有纺织品、包装、汽车、美容行业方面的专业知识，自1985年以来就一直致力于帮助设计团队进行创作。该机构拥有一个由28位预测专家组成的团队，他们经常周游世界、探寻色彩和设计理念，最近该机构因其为设计师提供对未来的消费者潮流的独特透视而声名鹊起。

国际时尚资讯机构——时尚探察（Fashion Snoops）

www.fashionsnoops.com

时尚探察（Fashion Snoops）是由一群设计师建立起来的，他们以其独特的视角为那些与时尚和造型相关的公司发布市场与趋势情报。该机构成立于2001年，为其客户提供全新的潮流趋势知识与全球研发势力的独特结合产品，这些可以是由特定项目所委派完成的。

在线时尚趋势服务机构时尚探察（Fashion Snoops）是fashionsnoops.com的创立者，是一个位于美国的在线预测和趋势分析机构。该机构会针对目前急待解决的问题“我们的品牌路线在下一季应该采取什么方向”为时尚公司提供切实可行和适时的解决方案。它以从国际T台、贸易展会、零售市场中获得的最新信息为时尚界的专业人士提供支持，并从设计主题、色彩、核心主体、图形以及更多的方面对即将到来的潮流趋势提供深度分析。

色彩组合有限公司（COLOR PORTFOLIO INC）

www.colorportfolio.com

色彩组合（COLOR PORTFOLIO）是一家美国的色彩和趋势预测公司。它成立至今已有20年。色彩组合有限公司（Color Portfolio）为零售商、制造商和配套工业提供色彩和趋势书籍，并对色彩、趋势和纺织品采购提供导向性评价和简洁易懂的建议。

除了制作一年四季、面向市场的色彩书籍，它还创立并发行了《色彩精华（*Essence of Color*）对《色彩组合》的正式称谓）》、《色彩思考（*Thinking in Color*）》、《边缘（*On The Edge*）》、《儿童色彩组合（*Color Portfolio Kids*）》等不同的潮流趋势报告。

色彩组合还会针对公司的特定市场需要提供个性化的设计和趋势报道。

色彩组合的客户基础是由国内外在各个市场领域中都享有盛名的零售商、制造商和纺织品公司所构成的。

时尚视角（STYLESIGHT）

www.stylesight.com

时尚视角是一个位于纽约的公司，其业务涵盖了时尚设计、趋势潮流分析、预测、报道、营销和服装加工。

其任务是为客户提供可以改善创造力和产品研发过程的工具，这些工具可以提高效率、经济性、准确性以及对市场的敏锐反应。

他们通过提供遍及全球、具有时效性、广泛信息量和导向性的网络实现这一目标。

他们的服务内容旨在为一位营销人员和设计师提供获悉当前趋势潮流所需的一切，同时在设计周期内以更高效的方式与之进行合作和分析他们的趋势预测与报道。

时尚透镜（STYLELENS）

www.stylelens.com

这是一家以美国订阅用户为主的在线服务机构，旨在为服装和服饰制造商、零售商、院校和其他自由职业者以及对此感兴趣、需要快速获得信息的任何团体提供全球时尚资讯、趋势和预测报道。

通过运用手稿、照片和电影的形式，时尚透镜的信息遍及日本、洛杉矶以及欧洲的所有重要的时尚之都。

时尚预测服务机构（FASHION FORCAST SERVICES）

www.fashionforcastservice.com

该服务机构成立于1991年，主要面向澳大利亚和新西兰开展业务，为时尚、家居和相关产业提供色彩和趋势服务的国际报道。

他们的客户基础延伸至整个澳大利亚和新西兰。他们提供女装、男装、童装、配饰、纺织品、家居用品和室内设计市场方面的报告。这些报告主要提供给各大零售商、制造商、批发商和进口商。

英国詹金斯报道（JENKINS REPORTS UK）

www.jenkinsuk.com

詹金斯是一家位于伦敦、创立已久的色彩和趋势预测公司，其国际化的客户基础包括时尚、家居、礼品、美容以及休闲产品等领域的各大零售商和重要品牌。他们的主旨在于提供可以激发灵感、易于操作和商业化的强大工具。

15年来，他们的预测团队一直致力于对影响消费者情绪和欲望的因素进行观察和诠释。

每一季，他们都会对色彩和情绪早早提出想法，这些想法会被扩大为全套的色彩和设计的趋势预测系列提供给时尚和室内人员，每季都会发布，并附上潘东色卡的色彩小样（Pantone TCX）和纱线样品。

隶属于詹金斯的时尚和生活方式点击（CLICK Fashion & Lifestyle）零售报告现在是以网络服务为主的，将从贸易展会、店铺和街头获得的最新图片与经过修正、有针对性的导向性设计观点相结合。

他们对时尚和室内设计主流中的重要故事主题、单品和趋势拥有新闻视角。他们拥有网络搜索工具，可以使用户浏览2500幅以上的图片或输入关键字。

所有这些图片和故事主题都可以以PDF的格式下载。

时尚点击（Click Fashion）对于国际零售潮流具有独特的视角，它关注适合普通女人的主流时尚和目标关键单品、款式、细节、面料、印花和色彩。

生活方式点击（Click Lifestyle）对于零售和贸易展览当中的国际家居产品趋势进行总览，对于礼品和室内设计方面的新方向进行检验，并关注色彩、印花/图案和纺织品。

圣诞节装饰品也包含其中。

詹金斯还为时尚和室内设计人员提供各大国际都市的店铺目录的更新。

他们一年两次的季节性展示也验证了重要设计趋势背后文化与情感方面的主要影响因素。

他们还提供定制项目，包括有针对性的调研和产品展示。

潮流圣经（TREND BIBLE）

www.trendbible.co.uk

潮流圣经位于泰因河上的纽卡斯尔，并被公认为是针对室内设计、礼品和包装业推出的第一本综合趋势书籍。他们使用“magpie”的方法来进行潮流预测，在其中，他们将新晋设计师的作品与独有的复古产品相结合。这种融合以同样的方式为设计师和买手提供灵感，重点强调每种潮流中的典型产品。

他们也提供超前的市场和消费者研究，重点强调客户需求的最重要信息。他们为客户提供全新的预测，以帮助其做出决定，使风险最小化。他们对不断变化发展的消费者群体非常熟悉。

他们每年出版两本书，每本书以每季四种关键趋势为特色，注册用户就可以享受他们的在线趋势服务。

他们的书与原创的图片、相关的潘东色彩和壁纸小样、面料、地板以及礼品材料一起提供给客户，非常完整。

他们的书具有与众不同的、类似手稿的特点，这一点也反映在他们的网页设计上。

以下介绍的公司，虽然不是以时尚为主导的公司，但他们像很多定位于流行趋势研究的公司一样，与品牌和消费者生活方式的信息打交道。虽然他们所使用的工具不同，但是信息必须是现代的并能够吸引消费者的。

新世界（BRANDNEWWORLD）创意解决方案公司

www.brandnewworldus.com

新世界是由艺术家、音乐家、电影狂热者、运动热衷者和有头脑的知识分子组成的折中混合体。该公司中的成员大多来自遥远的地方，像俄罗斯、秘鲁甚至是克利夫兰。

他们的专业见解包括互动的广告活动（Interactive Advertising Campaigns）、充斥原创影像的品牌卖场、识别设计（Identity Design），以及关于印刷、数码、在线动画（On-air animation）、应用、删减、事件、路人、手机短剧、展示和销售策略等的整套经验，以及对病毒技术、其他新兴技术及媒介的创意体验。

他们关注跨“平台”和跨“文化”的信息。

他们对于从网上获得的活动理念和从传统渠道获得的理念不区分对待。他们不理会不同的平台，会以相同的真知灼见处理所有的项目。

他们的哲学：

关于市场

日新月异的技术革新带来了新媒介形式的迅猛发展，同时也将消费者早已分散化的注意力进一步分散。要想排除噪声、加速信息传递，必须通过创意方案来解决，这些方案不仅要可视、而且要能够超越时间、具有深度感染力。消费者能够参与到品牌故事中，这对于保持文化关联性来说是十分必要的。如果不考虑物流配送方面的技术问题，从不可抗拒、极富感召力、富有意义的品牌情感理念着手是非常重要的。

关于媒介组合的数字化

新世界始终以其引人入胜的品牌故事作为其战略和创意理念起步的，反过来，其品牌故事也正是通过从更高层面使其消费者获益、根植于真实的文化体验而与众不同的。

接下来，他们还要确保，无论消费者是在线还是离线，他们的信息都可以有效传达。正是大量的创意元素本身使其品牌故事得以广泛流传。

关于合作伙伴

他们善于倾听。

这一点是他们对品牌及其目标加深理解的出发点。随后，他们会不断以最优方式加深理解以迎合需求，并确保他们所提交的方案与其战略方向、视角和洞察力保持一致，并且以简洁明了和引人注目的方式达到沟通的目的。接下来，他们通过广泛的创意概念开展实验，并进行提炼，直至获得满足信息传递的最佳方案。最终，他们实施——以极强的敬业精神投入到生产及可预知的结果中去。然后，他们再进行更多的倾听。

除了上述诸多有代表性的公司之外，还有代表其他潮流和流行预测的公司，这些公司被称为“代理商”或“商业伙伴”，比如：露西·海利（Lucy Hailey）和贝克莱尔（Peclers）。

“代理商”也为客户制订流行趋势预报并发送更新邮件，以时事快讯的方式提供有关产品和服务的最新动态。

KM 联合公司（KM ASSOCIATES）

http://www.kmauk.com/index2.html

KM联合公司（KM Associates）是一个提供色彩、生活方式和流行资讯的机构。16年来，他们在法国已经成为最被看好的机构，专门开展针对英国的市场营销、公共关系和销售代理的研究：

李·埃德库克：色彩与潮流趋势（Colour and Trend）顾问

时尚联盟（Trend Union）：潮流趋势手册（Trend books）

埃德库克工作室（Studio Edelkoort）：设计工作室(Design Studio)

戈特·凡·德·克肯Gert Van de Keuken：创意总监（Creative Director），埃德库克工作室

埃德库克的其他活动、研讨会、工作室

色彩观察（View on Colour）：色彩和流行趋势杂志

花（Bloom）：园艺/种植方面的流行趋势杂志

埃德库克精装版（Edelkoort editions）：出版商和图片图书馆

就色彩、流行趋势和设计工作室/服务机构等方面，还有以下其他的英国代理商，包括：

米洛·科特（Milou Ket）：荷兰室内设计流行趋势/设计工作室

英国詹金斯（Jenkins UK）：英国时尚和室内设计的流行趋势工作室

他们通过各种渠道向客户发布信息，如：

流行趋势手册

流行趋势杂志

流行趋势展示

咨询顾问

赋予灵感的杂志

订阅流行预测的素材需要一笔专门的投资。如今，相当多的时装公司都意识到这些资料是一个必不可少的工具而非奢侈品，也不再是时尚业兴衰的转机。然而，还有其他更易于获得、更频繁、更能够支付得起的获取灵感的方法，但却无法取代趋势预测公司独家发行的出版物和咨询服务。这种灵感来自杂志市场。这些杂志通常在报刊经销商的书摊上是找不到的，虽然在大的商店也有售，但是主要通过订阅、贸易展会和专门供应商获得。其中有纷繁复杂的杂志在不断探索色彩、肌理、面料、新近的T台报道和零售信息；这些资讯的获取渠道可能来自于橱窗展示、店铺建筑和室内设计、销售经验，以及，最后也是最重要的，切实可行的市场营销或商品销售。

时装设计专业的学生具备较强的购买力，这使得他们更愿意在这类资料上投资。这些杂志经常会有概念性较强的内容和简洁明了的新闻报道，不过每种杂志都会有其特定的角度，比如：《造物主（*Provider*）》和《衣装（*Wear*）》将会展示出T台发布会中较为极端的导向性元素，反之，《视线系列（*View*）》将会按照总体的故事和主题将发布会作品安排其中，有助于强化其之前的预测方向。

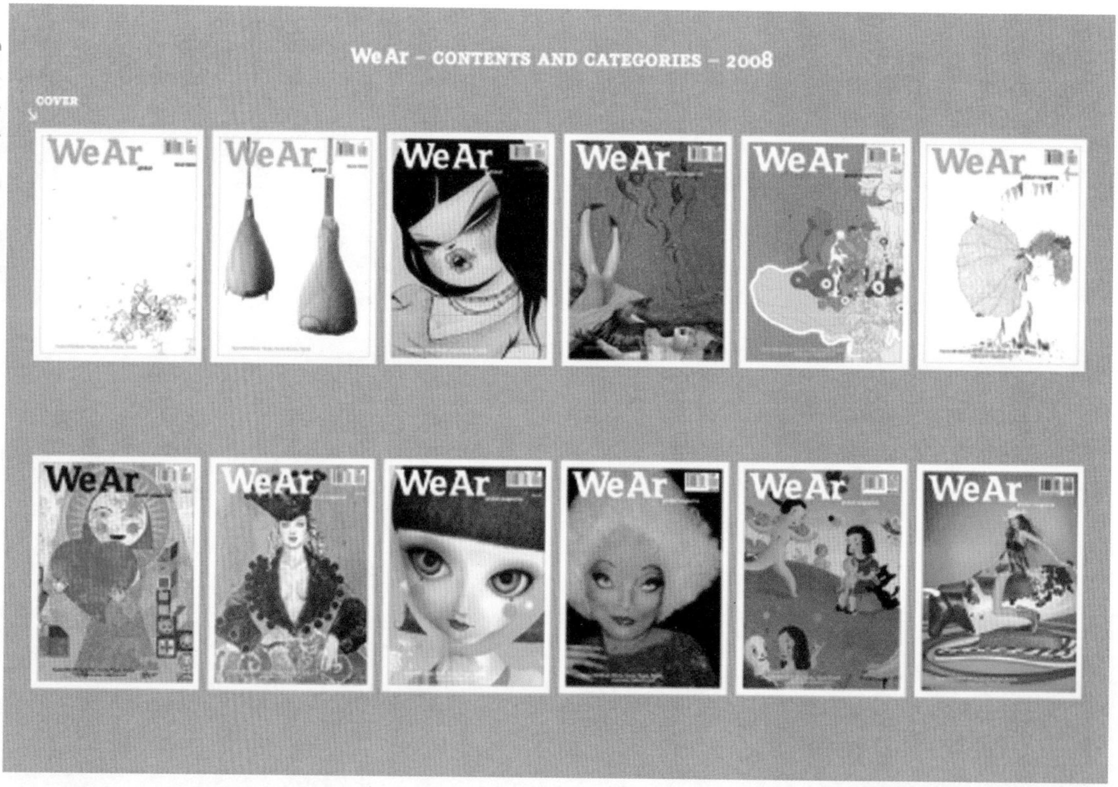

MODE INFORMATION
Mode…information
Heinz Kramer GmbH

www.modeinfo.com
预测产品的代理商

Mode Information 是为纺织品、时装、图形设计、室内设计、建筑和生活方式行业提供书籍、杂志和在线服务的专门供应商。他们还提供用于准确色彩传达的所有潘东（Pantone）系列产品。他们为所有产品领域提供关于色彩、外观设计、流行趋势研讨会和工作室的咨询服务。

历史

该公司位于科隆附近的奥弗拉特（Overath），是基于发现前沿时尚信息的理念而建立的。大约在50年前，公司的创立者海恩兹·克拉默（Heinz Kramer）就发现人们可以获得太多关于时尚的信息，于是他决定对这些信息进行选取和编辑，使其他人也可以使用这些信息，以节约时间。该公司为设计行业提供与流行趋势和有关领域的相关信息，以确保其客户保持重要的竞争优势。如今，《时尚资讯（Mode Information）》由亚恩·摩纳德（Yann Menard）和詹斯·舒马赫博士（Dr.Jens Schumacher）管理，公司业务不断扩大，如今被视为世界顶级的时尚资料供应商之一。

理念

他们从设计、产品研发、产品管理和市场营销领域获得各种名目的信息。他们把自己的成功归因于卓越的服务和系统化的产品选择，以及与时尚业中具有创造力、引领潮流的人保持密切的合作。

他们的销售网络遍布全世界，覆盖了全球市场中与流行趋势相关的数据信息。

来看一些他们发布的趋势出版物，从左边开始：

Textile View，Wear

WEAR GLOBAL MAGAZINE

www.wear–magazine.com

WeAr将他们自己描述为概念性和专业化的杂志。出版人和编辑是克劳斯·瓦格尔（Klaus Vogel），该出版人描述其特点时曾说：

> “高级时装遭遇休闲装，艺术与时装共生，视觉信息取代了冗长的文字，事实取代个人观点。展现在读者眼前的是世界范围内最有趣的系列设计、店铺和市场新闻。
>
> 编辑内容：定位于高端市场的时装、鞋品和配饰。
>
> 编辑基础：从世界各大主要城市和贸易展会获得的店铺和流行趋势报道，并以聚焦最卓越产品的新闻、研究、联络、访谈和商务谈话作为补充。”

重点放在视觉信息报道：

相关店铺、展览厅、橱窗、室内家具和产品展示。

样品手册：来自于世界上最重要的贸易展会和发布会的最新照片。

各大主要城市、人物、店铺和生活方式的流行趋势报道。

设计师作品发布会和流行趋势的照片。

> “艺术和时代精神影响了刊物的表达方式及封面，这些信息也相应地清晰、易懂、生动和专业。文章涉及各种各样的主题，包括访谈，简短而切中要害。他们通过提供可以提高营业额、改善经营或确认读者已知资讯的信息而使读者受益。”

其出版发行真正做到面向全球，被译成八种语言：英语、德语、西班牙语、意大利语、法语、中文汉语、日语和俄语。

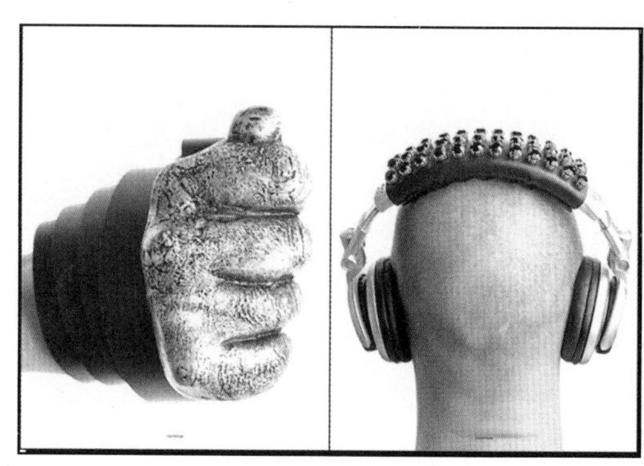

顶图——杂志直接展开页
上图——杂志背面的目录

WeAr
global magazine
FASHIONWORKBOOK
ENGLISH
FashionWorkBook: Stores, Trends, People, Brands
www.wear-magazine.com

封面

TREND

FIFTIES ROCKIN' REVIVAL

BLOG.MODE

BIG FASHION INTERACTIVE

*WeAr*杂志的展开页

下图：卡特琳娜·伊斯特拉达（Catalina Estrada）的艺术

WeAr

View Publication

属于大都市出版社（Metropolitan Publishing BV）的一部分，总部设在阿姆斯特丹。David Shah 是其出版人。

www.view-publications.com

出版物范围包括：《纺织品观察（*Textile View*）》、《视觉2（*View2*）》、《观点（*Viewpoint*）》和《潘东视觉色彩计划（*Pantone View Colour Planner*）》。

纺织品观察

《纺织品观察》每一期都多达300多页，它旨在为公司提供信息并帮助他们确立市场和建立他们自己的时装系列设计。

他们以其精准和商业化的时尚预测在全世界享有盛誉。他们的读者群从高端成衣设计师延伸到高街层面的消费者。

他们的目标人群是纱线或面料的挑选者和买主、服装和针织服装的造型师以及参与其自有品牌产品的制造商和重要的零售发行商。

《纺织品观察》涵盖了街头服装、零售报告、男装和女装设计师系列作品、高级女装、色彩、配饰和装饰品、关键款式、休闲装、造型、预测和生活方式预测。

《视觉2》

《视觉2》是杂志《纺织品观察》的姐妹出版物。它致力于世界男式、女式和儿童的休闲服、运动服的研究。《视觉2》传递出切实可行和启发灵感的信息，帮助制造商和零售商进行设计、制作和销售市场所需的都市运动产品。它的团队成员都是各行业中有经验的人，包括最新的纺织品设计和研发、市场营销和销售等方面。

《视觉2》以都市新貌、生活方式、时尚快讯和当今与未来时尚导向等方面为主折射出其姐妹篇的特色。

《观点》

该杂志旨在为读者带来一种对未来的看法，这种看法将会对其未来的设计和销售战略带来影响。因此，从业者有必要知道其消费者是谁，他们想要什么和期待什么。

从很早的阶段开始，该杂志就提醒决策者注意市场和消费者行为的暗示，这些暗示可以使他们准确传递出消费者想要的东西。

《潘东视觉色彩计划》

这是一张节约成本又节省时间的色彩预测卡。它涵盖时尚、化妆品和工业设计。《色彩计划（*Colour Planner*）》是按照关键色彩指示而进行归类的。

首先是针对每一个色彩指示给出总体介绍，勾勒出其所包含的色彩及其背后的理念。

在紧随其后的几页中，介绍了以最终使用目的为依据的、色彩调和及原料使用的具体分类。在这些关键色彩之后是“基础”部分，该内容根据使用用途对新一季的色彩进行“基础色”、“商业化的色彩”的细分。

色彩是按照潘东色彩系统（Pantone® colour system）进行染色和编码的。

11-0601TCX
14-0756TCX
16-1546TCX
16-2124TCX
18-1663TCX
16-4725TCX
15-0545TCX

18-1663TCX	18-1663TCX
16-1546TCX	11-0601TCX
14-0756TCX	16-2124TCX

15-0545TCX	16-4725TCX
16-1546TCX	11-0601TCX
16-4725TCX	15-0545TCX

Exotic

In a Hawaiian style, vivid brights are overlapped to create a dynamic look.

Textile View Magazine

1
2
3
4
5
6

Folklore happiness

'Smile, be happy!' – the old maxim returns as the philosophy of Summer 2009. With it comes a new feeling for folklore gaiety in traditional patterns from Romania and Russia to the gaucho culture of South America. Mostly bi-colour patterns in childlike brights.

1, 4, 6 EVOLUTIONE (CH) 2 FAISA (I) 3 ASPESI 5 BACCI (I)

《纺织品观察》杂志的展开页

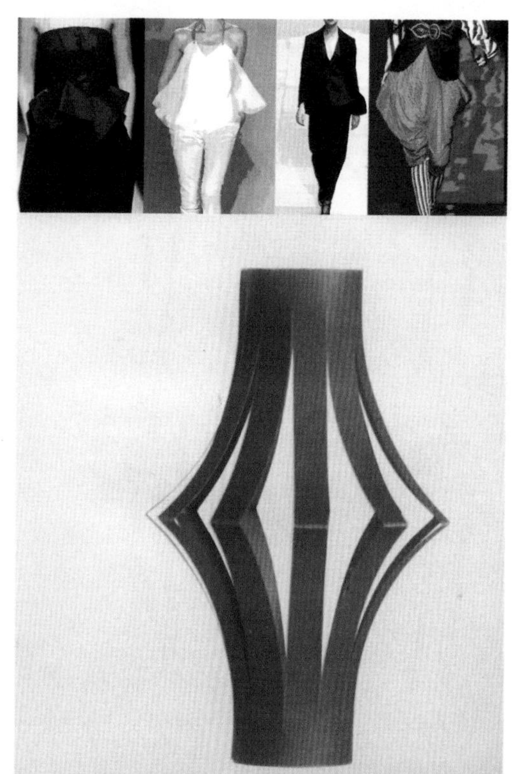

Lantern

The newest marker for the season. Narrow hemlines and tight ankles move into full volume at the hip or waist. Decidedly Middle Eastern and Eastern in influence, we will see dhoti pants, jodhpurs and lantern shaped dresses.

《纺织品观察》杂志的展开页

New summer boho

• multi-cultural influences • embellished details • lightweight feminine layering • pattern clashes

This story brings together an eclectic mix of influences, creating a new bohemian look for the season ahead. Cross-cultural patterns and embellishments are used to adorn a lightweight wardrobe of key summer items for the girl about town who likes to give a taste of her travelling past. Key items: patterned kaftans • relaxed pinafores • summer smocks • embellished jersey dresses. Key details: fringing and beadwork details • loose flowing silhouettes • lightweight cheesecloths • patterned borders • mini ruffles, pleats and folds.

Short and sweet

• micro hemlines • simple summer styling • tonal surface textures • oversized floral patterns

Be prepared to flash some flesh, with this young and fun women's story, where micro hemlines and wide and low necklines are key. Silhouettes can be sporty, modern and moulded or more girlie with cute ruffles, pleats and floral prints. Essentially, this is all about easy seasonal styles, designed with hot weather and the female form in mind. Key items: super short shorts • halter-neck tops • cute short sleeve jackets • simplistic shift dresses • fit and flare skirts and dresses. Key details: contrasting large trims • fitted waistlines • rounded collars • oversized pleats • deep and wide necklines.

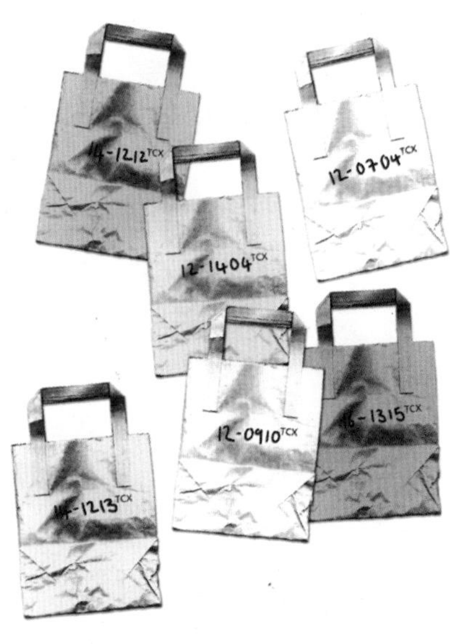

Natural craft

Neutrals, paper shades, parchments, documents and manuscripts.
Tinted naturals. Think writing materials, books, faded quality, hemp and jute.

《视觉2》杂志的展开页

View 2 Magazine

Techno-Classic

Using the best of new techniques and applying them to a wider base beyond high performance and technical end-uses for ultra functional suits, woollen coats and denim. Thermal fibres, weightless membranes, light waddings, laminates, temperature regulating pcms...It's all about the hybridization of performance and urban wear.

1. Dondi Jersey (I)
2. Nino (D)
3. Nino (D)
4. Schoeller (CH)
5. New Cotton (I)
6. Zanotto (I)
7. Schoeller (CH)
8. Schoeller (CH)
9. Getzner (A)
10. New Cotton (I
11. Schoeller (CH

Protection

Highly compact structures, dense fabrics with stretch, heavily constructed weaves and exaggerated structures (the kind used for luggage and protective outfits or wrappings) in wool and synthetics. Colours reach from obvious blacks and oxidized metal hues to white and winter beige.

1. Evolutione (CH)
2. Evolutione (CH)
3. Pontetorto (I)
4. Lenzi Egisto (I)
5. Fratelli Morelli (I)
6. Zanotto (I)
7. Luigi Boggio Casero (I)
8. Hellenic (GR)

《视觉2》杂志的展开页

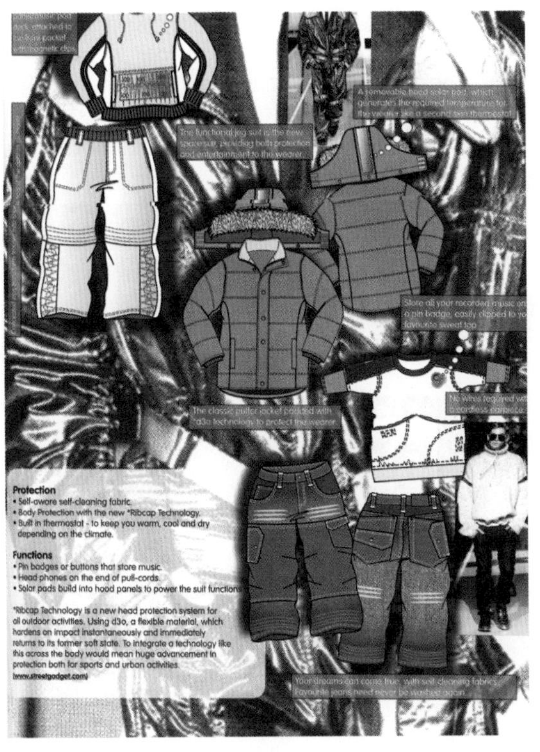
A removable hood solar pod, which generates the required temperature for the wearer like a second skin thermostat.
The functional leg suit is the new spacesuit, providing both protection and entertainment to the wearer.
Protection
• Self-aware self-cleaning fabric.
• Body Protection with the new *Ribcap Technology.
• Built in thermostat - to keep you warm, cool and dry depending on the climate.
Functions
• Pin badges or buttons that store music.
• Head phones on the end of pull-cords.
• Solar pads build into hood panels to power the suit functions.
*Ribcap Technology is a new head protection system for all outdoor activities. Using d3o, a flexible material, which hardens on impact instantaneously and immediately returns to its former soft state. To integrate a technology like this across the body would mean huge advancement in protection both for sports and urban activities.
(www.streetgadget.com)
Your dreams can come true, with self-cleaning fabrics. Favourite jeans need never be washed again.

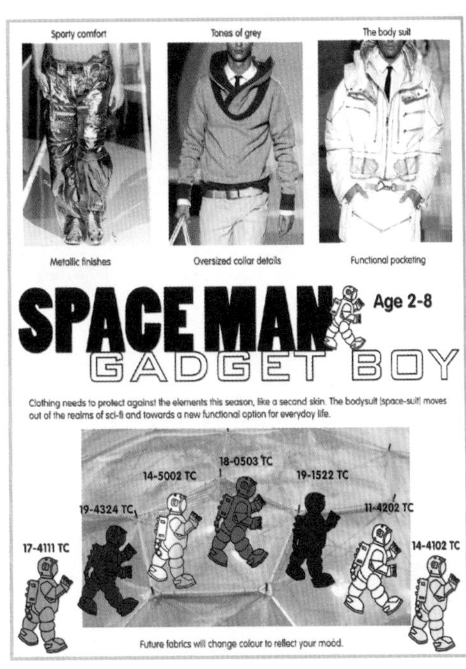
Sporty comfort
Tones of grey
The body suit
Metallic finishes
Oversized collar details
Functional pocketing
SPACE MAN
Age 2-8
GADGET BOY
Clothing needs to protect against the elements this season, like a second skin. The bodysuit (space-suit) moves out of the realms of sci-fi and towards a new functional option for everyday life.
18-0503 TC
14-5002 TC
19-1522 TC
19-4324 TC
11-4202 TC
17-4111 TC
14-4102 TC
Future fabrics will change colour to reflect your mood.

《视觉2》杂志的展开页

Blue Waves
Hypnotic waves, geometric patterns in Lurex, disco style transfers, metallic strass, anodized alluminium and flashy double zips, fishnet paillettes and electro-Pop rivets spark the night. Metallic blues, flashing beacon blues, midnight blues and blue devils all clash together.

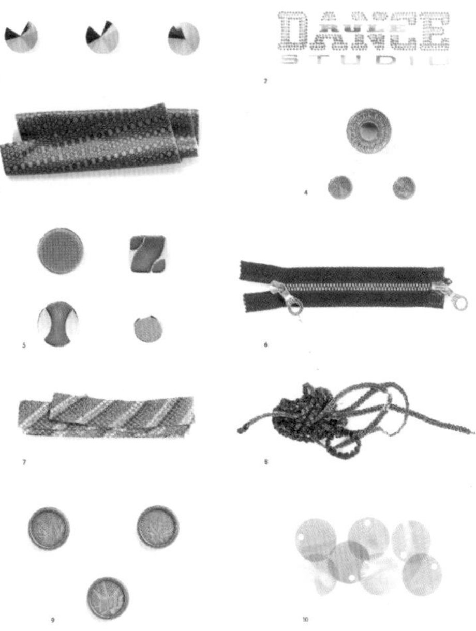
DANCE
STUDIO
1
2
3
4
5
6
7
8
9
10
1. Swarowski (F) 2. HF 2000 (I) 3. AT+T (I) 4. Marito France (F) 5. Bomiso (I) 6. Riri (CH) 7. Repa (I)
8. Pass. Italiana (I) 9. Prym Fashion (D) 10. Lustrosa (I)

HocusPocus

Hocus pocus, hey presto, nothing is what it seems. Super-surreal design creates a modern-day wonderland of magic and illusion. Misshapen, stretched, squashed furniture could have come through Alice's looking glass. Cabinets change their appearance, drawers and lights float in the air, the designer becomes part magician, part illusionist, wholly enchanting. Front's collections 'Found' and 'Magic' seem to defy the laws of nature: objects disappear, levitate, balance and float. Nendo's climbing wall resembles a strange gallery where climbers grapple with empty picture frames.

Key terms: illusion, distortion, disproportion, magic, levitation, mutation, enchantment, super-sized, surreal

《观点》杂志的展开页

《视觉色彩计划》杂志的展开页

本章节通过对每种元素的探索和一系列的练习，调研了时尚预测行业中都在使用的设计流程。

它从关注任何一季的最初研发内容着手——色彩。色彩是有助于强化高街品牌流行趋势的重要因素。全球色彩参考（Global colour referencing）可以通过使用潘东色彩工具（Pantone® colour tools）、在他们色彩库中运用许多重要的软件包来为众人使用。

其中也会提及许多其他的赞助公司和协会。

还会通过一个创意训练来演示如何在新一季中研发色彩以便使用。

接下来需要考虑的问题是关于灵感，灵感从哪里来？它源于展览、画廊、街头样式、科学技术、文化、甚至是百货商店的橱窗；例如，从纽约市波道夫·古德曼(Bergdorf Goodman)“节假日”橱窗获得灵感。

有关艺术、艺术运用、文化和历史事件的良好知识背景将会在灵感参考方面提供帮助；这些与现代理念结合，可以为消费者带来新的时尚风貌。灵感也可以从像巴黎国际面料展的贸易展会中获取；在其中，面料将会以“店铺”的方式进行陈列。组织者也会与展会中的其他预测展览公司一起提出自己的预测方案；这使得面料采购工作颇受设计师的青睐。

在这一部分中，与最新主题紧密相连的四个面料系列被提出来，每个面料系列都有自己的灵感来源。灵感通过“情绪基调板”来实现。最初的情绪基调板，是由一系列在图片重要性方面没有特定“分量”的图片组成的。面料系列对于形成探寻设计方向的想象力会有所帮助。

更进一步的练习是从“情绪基调板”上获取尽可能多的信息。当今的消费者很多都是通过形象化的方式来进行识读的，在这里，通过一系列“观察”的练习，为设计师提供一次机会来探寻情绪基调板中所蕴含的一切。

一旦情绪基调板、色彩系列、面料故事和关键词都得到了解决，设计就可以开始了。

本章提出了两种设计方法——女装设计和男装设计。

首先，画出可以展示“服装样式”的完整人体效果图，这可以反映出姿态、态度、廓型、比例、色彩使用和面料运用。

女装设计和男装设计中各有三个故事，每个故事都会针对一个不同的细分市场或消费群体描述出不同的设计方法。女装故事提供了一个与结构感十足的日装相关的主题——有序>无序，如果需要，带有边缘造型的女性化剪裁可以使其变得朴素——隐藏>显露，以及休闲的周末服装——平常>出众。

男装的故事有：狂人（Kook）——针对年轻人市场，街头艺人（Busker）——针对较为年长的男士，以及出租车司机（Taxi driver）——针对更为年长的男士。

每个故事都配有清晰的黑白插图来说明每件服装的款式、扣紧材料、细节和后整理方式。

还有一章专门提供了从每个主题/故事推衍而来的T恤设计。

这些故事正是传统预测出版物中所提供信息的一个精简版本。

此外，男装设计还展示了品牌化和图形设计。

1.

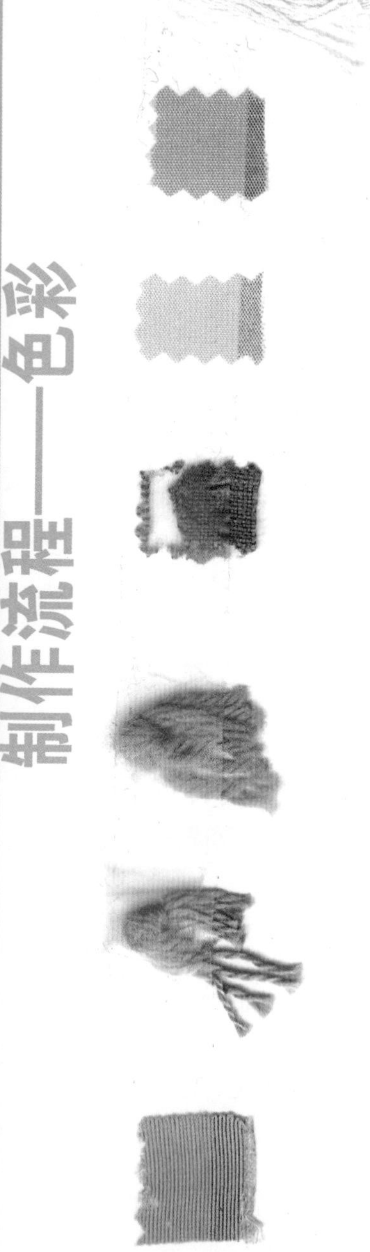

2.

3.

色彩

色彩是新一季的首要研发元素，任何可以获得的色彩样板，如平面织物、纱样、无光泽的丝带都可以用来表现色彩故事。为了使最终的色彩选择准确无误，必须使用单一的纯色。当具有先导作用的染色公司为商业出版物

中的纱线和布样染色时，这是最基本的要求。

像《这里和那里（*Here & There*）》这样的预测公司，他们运用色彩盒集之类的设计来展现他们的色彩故事（参看“时尚预测业”部分）。他们必须精确到每一寸纱线的着色。背景插图显示了对新的春夏一季的初期思路。请注意这七组色彩系列是如何共同作用的，通过从亮色调、中度色调到暗色调，表达出逐渐暗淡的效果。

这些色彩将会运用说明符转译为“潘东色卡”。

色彩工具——潘东色卡

www.pantone.com

潘东色卡总部位于美国新泽西州，是世界著名的色彩权威机构。

20世纪60年代早期，公司创始人劳伦斯·赫伯特(Lawrence Herbert)为图形设计行业研发了一套与之相匹配的色彩系统。这套系统现今已经扩展到任何与色彩有关的关键产业，如数码技术、时尚、塑料、建筑、室内设计、家居设计和涂料领域等。从设计业到制造业再到零售业，潘东色卡因其在色彩沟通方面的标准语言而闻名全球。

潘东色彩时尚和家居®（The Pantone Fashion & Home®）

设计师在纺织品和服装生产中利用色彩系统（Color System）来确定不同的色彩。该物理系统由1925种棉质或纸质色彩以“扇形”小册子的形式构成，每种色彩都有唯一确定的编号。非常适合客户构建和表达色彩故事。

色彩设计软件（Adobe software）——InDesign，Illustrator and Photoshop——包含可以通过“色彩小样（Swatches）”色板获得的潘东色卡数字资料库。

潘东色卡每年发布两次“潘东流行色色彩展望”（PANTONE VIEW® Color Planner），作为一种预测工具，可以提前两年提供季节色彩指南。他们还编制潘东智能色卡系统（PANTONE SMART® Color Swatch Card System），使设计师和生产商在从产品研发到市场化的过程中可以准确地跟上色彩发展周期。在英国，染色家协会（The Society of Dyers and Colorisrts）大力提倡色彩的使用。

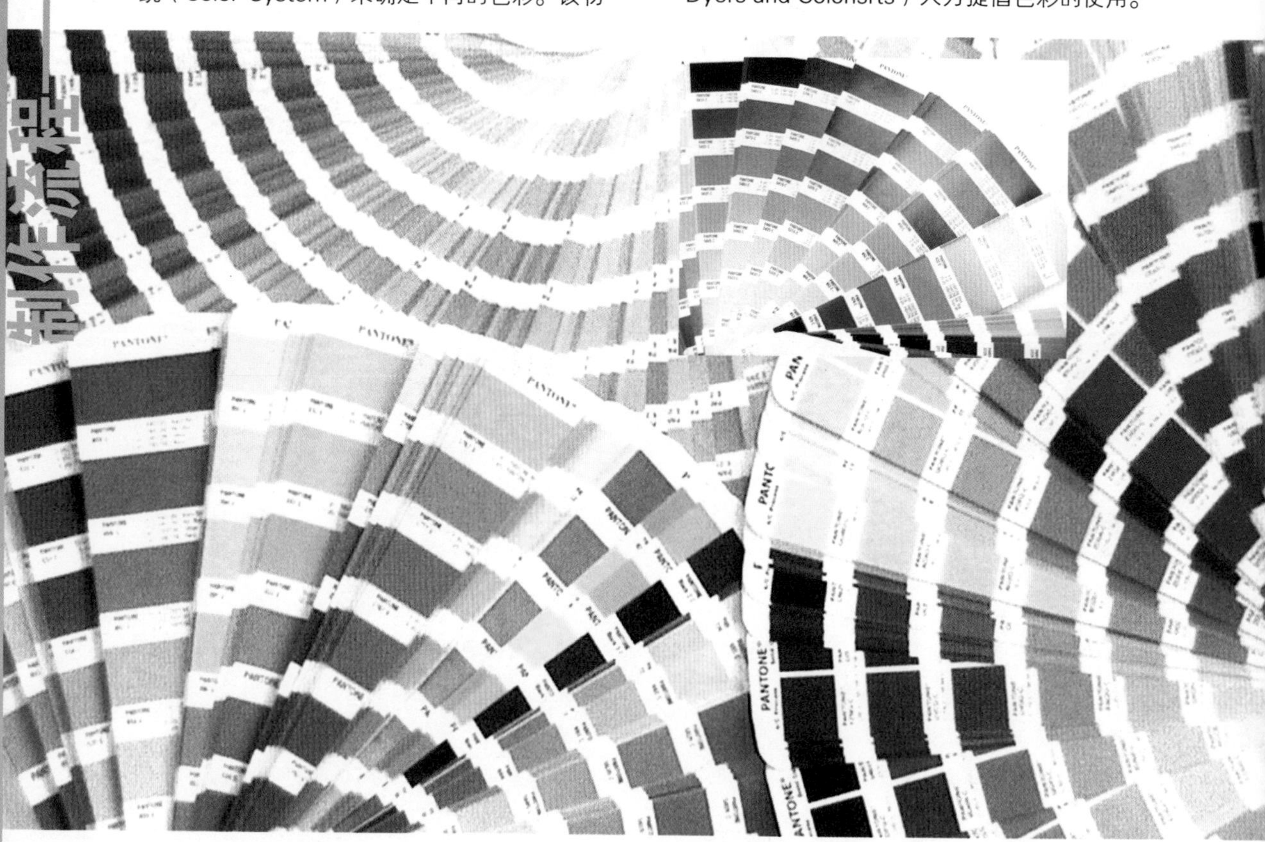

染色家协会

www.sdc.org.uk

染色家协会的主要任务是在整个色彩行业内传播信息。它是通过世界各地的理事会、委员会及成员的工作来实现的。

该协会成立于1884年。1963年，协会被授予皇家特许状。它是唯一专门研究各种色彩使用方法的国际性专业协会。总部现设在布莱福德（Bradford）。

该协会网站上特别有趣的一点是色彩点击（ColourClick）工具。

该工具包含有一个色彩中心：由色彩展示盒（colour showcase）和色彩预测（colour forecast）组成，任何注册的用户都可以使用。

对面页，潘东色彩®扇形图册。
本页，色彩的组织与命名。

4
6
7

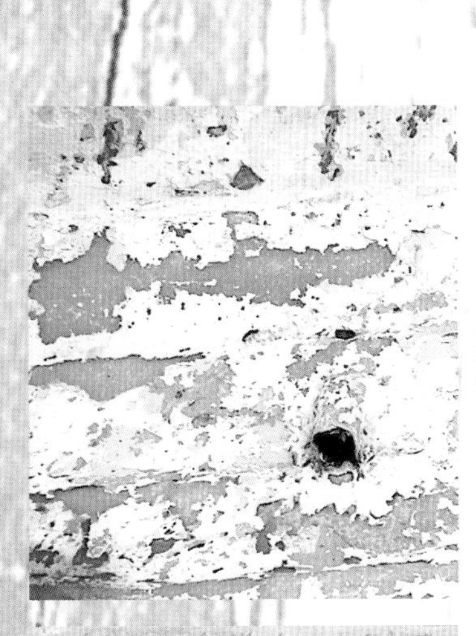

对面页是一个代表色彩比例的色彩条，来自对这些视觉资料的分析；通过观察，可以思考这些色彩会如何使用，例如，用作基础色和强调色或者用于条纹图案和几何图案。

色彩——拓展一组色彩系列

色彩是每一季设计中首先需要创建的内容。以便于纱线生产商和供应商可以在销售季节来临之前将纱线染成相关的色彩。通常，色彩要提前两年开始制作。

流行预测中的色调（color palette）一般以“故事”的形式呈现。色调常常可以从展览会、参观画廊、特定文化趣观、不寻常的图像或是历史性图像中获得灵感启发。

在此选出的色彩（本页底部左边）暗淡陈旧，给人一种忧伤且饱经沧桑的感觉。进一步分析，其表面有浮雕感，有划痕和破损。附着有斑驳油漆的透明层（玻璃），使得我们有机会窥视到物体背面。镂空图案也具有类似的“窥视”效果，体现出层次感和磨损的数字。所有这些特质都可以用来展现色彩故事是如何运用的。

《这里和那里》公司的一个色板中这样描述：

2008年春夏季是人与自然关系的反映。自然令人崇敬。乡村风光促进身心健康的价值观和诗情画意吸引了新的城市人群……以掺入白色的中性色为核心，附带有机草本植物的色调。鲜亮色彩和中性色的对比非常重要，就仿佛受20世纪60年代的影响，将欢快的亮色和粉蜡笔画成的颜色及中度白色（Mod white）一起配合使用。

他们本季的色彩故事是：

浪漫主义——水洗白色、干玫瑰色、花瓣亮色。

现代主义——半透明色、鲜艳的合成色、标准亮色。

自然主义——植物性染色、有机矿物质色彩、独有暗色。

形式主义——标准亮色与融入白色的工业化暗色。

制作流程——色彩

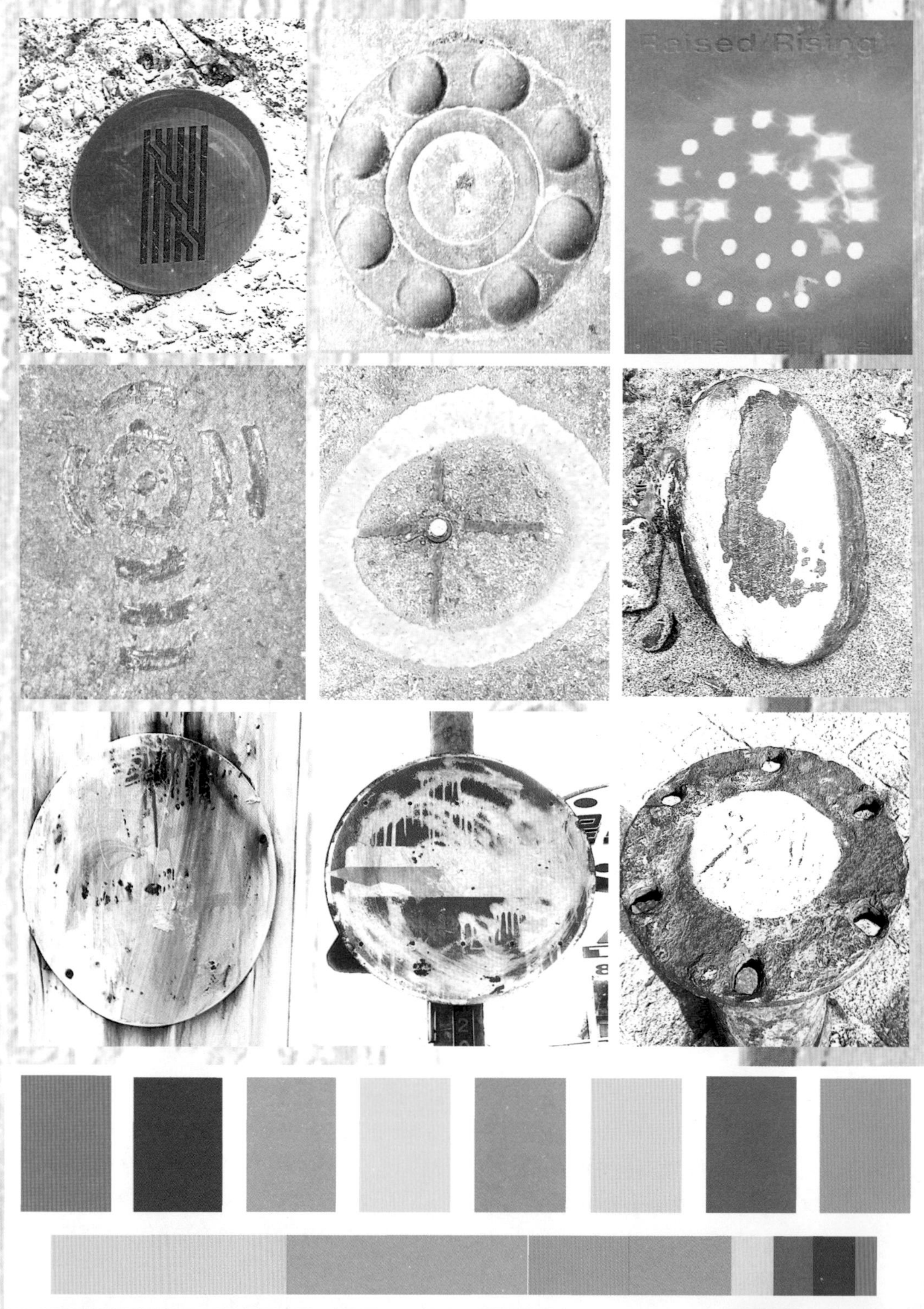

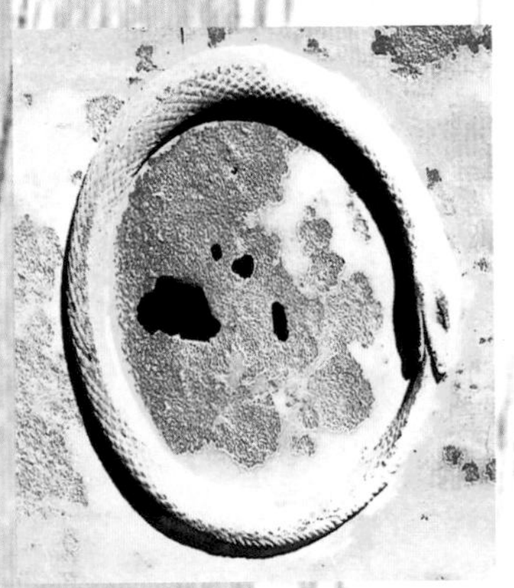

本页表明了一个中间色调色彩故事的拓展过程。圆的主题将这些视觉材料联系在一起，“亮色”是其共同的色彩。

这些照片摄于世界各地，都具有“圆”的“感觉”。它们原本是经过轻微过度曝光的，所以需要在Adobe Photoshop 里进行色彩调整。

调整时，打开Photoshop，然后一步步操作：图像（Image）——调整（Adjustment）——亮度/对比度(Brightness/Contrast)。

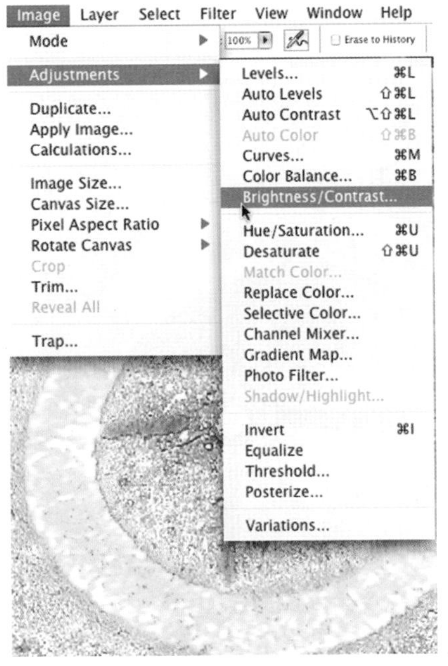

接下来会弹出一个对话框，可以调节亮度或对比度或者同时进行。菜单中的工具在调节色彩方面时是非常重要的。

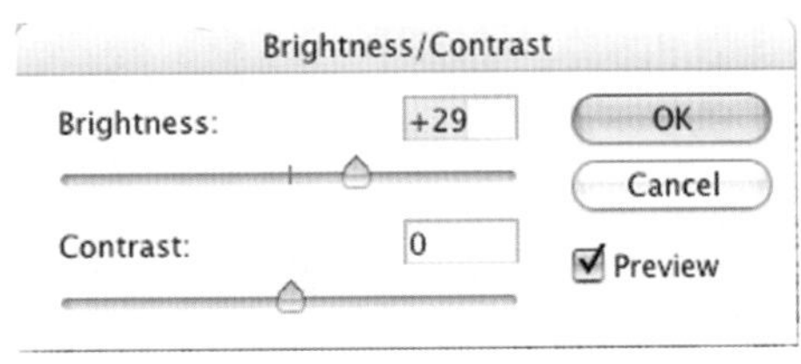

注意：在调整色彩时，应在白色的背景下进行，避免环境色彩的影响。

BURNS
OBEY
Y-Love
modularmoods.com

黎明——浅淡

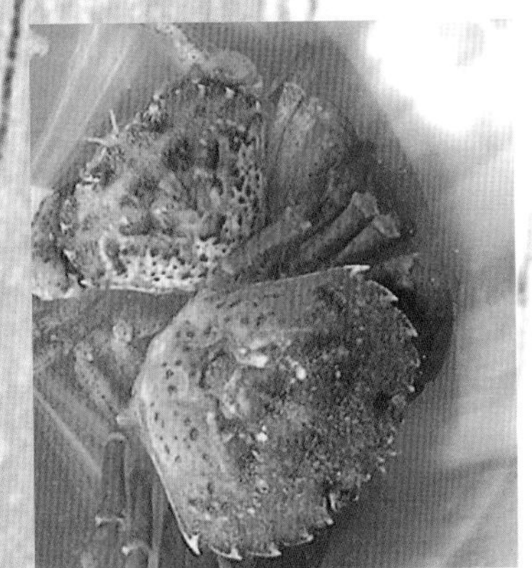
正午——亮色

午夜——暗色

大多数色彩故事可能需要一两个其他的故事来共同完成，例如，Here & There公司针对浪漫主义故事有这样的建议，如果对象是成熟的女性，就要用“水洗白”和“干玫瑰色”融合在一起；如果对象是天真活泼的青少年，就要用迷人的乡村色调和甜美的“花瓣亮色”来表现。对于现代主义故事，则可以使用“半透明色”加鲜艳的合成色来表现他们积极向上的乐观主义精神；或者用“鲜艳的合成色”加上“标准亮色”表现他们富于活力的个性。将“植物性染色”与“有机矿物质色彩”融合来表现男子的阳刚粗犷，或者将“有机矿物质色彩”和“独有暗色”混合在一起来表示丰富的深度。以这种方式表达色彩故事可以帮助我们建立相关理念，即该故事是与特定市场相关的，或者与所选用面料和廓型相关的。

以数字化的方式制作色板

一旦图像经照相机捕捉、下载、或扫描后，就有可能用Adobe InDesign创建一个色板。

在InDesign中新建一个文件夹，运用矩形框工具（Rectangle Frame Tool）可以制作一系列方框，点击方框内部，然后再转到文件（File）→位置（Place），选择灵感图像，它就会出现在版面中。再使用对象（Object）→适合（Fitting）工具，确定你究竟想如何显示这张图片，制作更多较小的方框当色板来用，然后选择其中之一，通过吸管（Eyedropper）工具，并把它放到刚才已经选中的图片中获取一种色彩，这种色彩就会出现在已选好的方框内。继续这样的操作直到你完成制作。

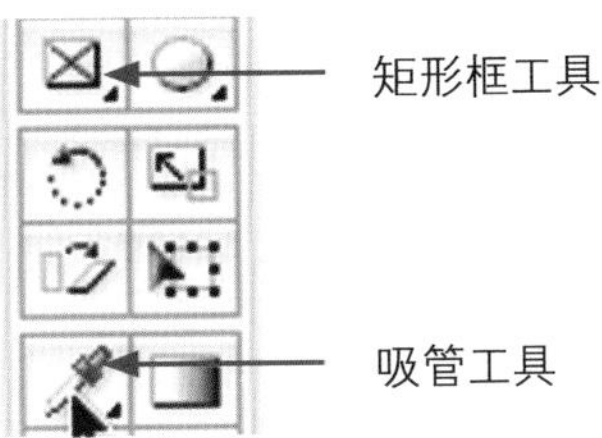

Adobe InDesign的工具栏

黎明

黄昏

正午

晚午餐

薄暮

午夜

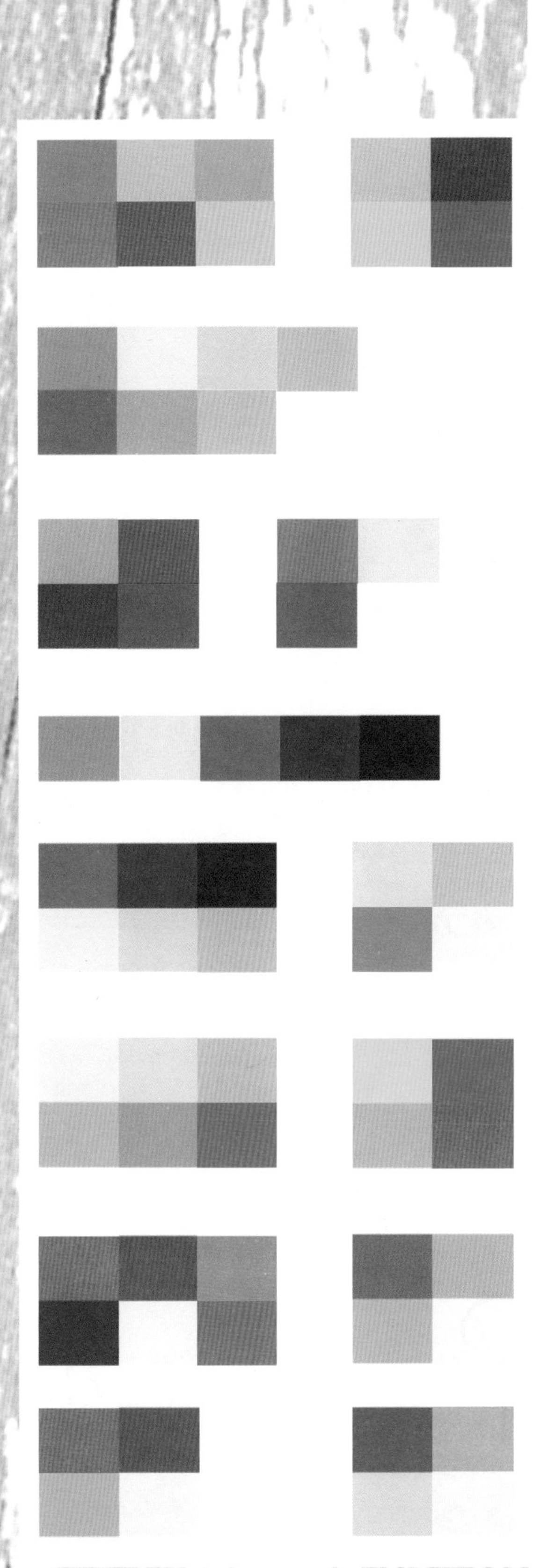

流行预测公司经常提供可以巧妙处理色彩的设备。《这里和那里》公司就在色彩盒集中运用纱线，这样客户就可以将这些纱线剪下来并创作出他们自己的色彩混合效果参看第一部分“《这里和那里》”］。运用比喻贯穿所有的色彩故事——这里是一天内的不同时段——可以有助于统一一季中的故事。它也可以帮助我们进行色彩的解释，色彩常常是以色调和饱和度的方式得以体现，如浅色（黎明），中间色调（正午），深色（午夜），中间还有很多的层次。“午夜(Midnight)”是从黑暗中拍摄到的街头艺术获得的灵感，因此，它的纹理效果，带给人更多不祥的感受，将会与“薄暮（Twilight）”联系在一起作为设计的主题，但是作为色彩故事这种联系并不是必须的。

这里的色彩组合是安静恬淡的，但是色彩故事常常会被有意地混合在一起，例如，“正午(Midday)”和“黄昏（Dusk）”从色调上混合在一起。“黄昏”可以被用做一种更为浪漫的基础色，而“正午(Midday)”则可以作为强调色出现在图案中。“午夜”和“黄昏”在色调上共同作用于更加夸张的层叠套穿式样中。“黎明(Dawn)”是浅淡的，可以和“午夜”构成一种强烈的对比，但是“黎明”不是羞怯的，它的灵感来自于陈旧的、生锈的、实用的物体（参考前页）。“薄暮”孤立出来，是因为它的色彩具有秋天的特点，但是其色彩灵感并非来自于秋色；它是从“情景艺术（Contextual Art）”中提取出来的，应以一种街头智慧（Streetwise）的方式巧妙地加以利用，带给人一种“尖锐（Edge）”的感觉。更为强烈的色彩将会少量用于褪色的、绘画或者类似混凝土的背景中。

这些色彩故事都具有褪色的效果，其中一些略微带点“脏脏”的色调，仿佛它们是在洗刷过程中保存下来的。还有一些色彩彼此之间过于相近，所以需要修正，但修正时要明确方向。对于设计而言，为这些色彩故事赋予名字会更易于唤起情感和更具表现力。例如《这里和那里》公司的夏季浅色系：水洗白、干玫瑰花色和花瓣亮色，都会让人联想到浪漫主义。

COLT

MINI CLOWN

GUERRILLA

灵感

任何新的一季的关键元素就是该季的灵感来源。在纷繁的大千世界里，有一种永恒不变的需求，那就是通过情绪、印花、图案和肌理等不断刺激时尚消费者。视觉灵感可以来自各种资源，如展会、画廊、艺术家的表演和回顾展、科技进步、杂志、创新性设计和建筑等。

灵感——情景艺术（Contextual Art）

时尚需要“新鲜感”来激发设计，并为消费者提供新的事物。

这一版中的图片是从纽约和巴黎收集来的，要求情报采集者随时随地携带照相机。

这一练习的结果是，找到那些从时间和地点的环境因素来看具有近似“艺术效果（art-like）”外观的影像。相机也使得观察者可以进行艺术图像的编辑和剪裁，就像很多街头艺术一样，艺术家可以将其自身的努力融入其中。整体效果则应归功于墙表面及其磨损老化的特性，破旧的元素还可以增加一种哀伤的效果。

捕捉“永恒瞬间”也是收集独特影响的乐趣所在，例如，在左图的即时贴纸艺术中，两个人物形象作为一个组合出现（由作者进行组合而非艺术家）。色彩和多用途的技术元素添加至影像中，但是有趣的是，抓拍的戴头盔的人似乎正在朝反方向爬一架临时放置的梯子，而另一人刚好从上面坠落，构成一幅在纽约街头抓拍的超现实主义图像。这类图像将会为色板、表面肌理、印花和图形设计的创意理念提供灵感。

当遍及世界各地的影像资料被组织到一起，形态、感觉和色彩等主题一遍遍地重复，就有可能会发展为一种趋势，并被认定为是一种“潮流方向”。

制作流程——灵感来源

灵感——波道夫·古德曼橱窗（BERGDORF GOODMAN WINDOWS）

位于美国纽约第五大街的波道夫·古德曼百货店，因其源源不断地提供丰富的、装饰方面的灵感而闻名于世。在节假日期间，如2006年的圣诞节，他们用很特别的主题来装饰橱窗。随后两页中展示的照片捕捉了如下主题：震惊、装饰、娱乐、回忆、教化、好奇等诸多感受都仿佛成为马戏团表演的一部分被展示出来。

2007年的圣诞橱窗，波道夫·古德曼以“揭开面纱”为标题，在其网站（www.bergdorfgoodman.com/store）上这样描述道：“凝视我们的假日橱窗中所展示的充斥各种元素的世界。在设计师托尼·杜克特（Tony Duquette）所营造的“自然巴洛克（Natural Baroque）”样式的装饰中，这些纷繁的梦幻世界充满了先锋派的优雅、洛可可式的装饰和温暖的金色光芒。探索发现我们所能提供的元素吧！”

从文化角度上来看，托尼·杜克特是一位“美国设计的偶像级人物”，洛杉矶人，是加利福尼亚州的名人和国际上著名的艺术家和设计师，20世纪40年代开始走红。

波道夫·古德曼将现代化的时装系列作品布置于这些非常具有装饰性的主题化情境中。

对于那些在每一季都需要运用他们的见解的情报采集者来说，获取与不同艺术运动、文化和设计代表人物相关的知识是非常有用的。

这里所展示出来的视觉影像提供了丰富的主题和肌理效果，这些都需要借助于各种媒介手段和展示的知识得以实现。

这些橱窗在其短暂的生命历程中会不断地接受设计师、旅游者的拍照。

制作流程——灵感来源

制作流程——灵感来源

波道夫·古德曼的橱窗展示

流行预测公司将会参加所有重要的面料及纱线展览会。

巴黎“第一视觉”是世界上最知名的面料贸易展览会。每年9月（秋/冬季）和2月（春/夏季）各举办一次。“第一视觉”也在纽约、莫斯科、上海和东京举办展示会。

巴黎第一视觉面料展

它在巴黎维勒班展馆的帕洛阿尔托研究中心（Parc d' Exporstion de Paris-Nord Villepinte）开展。四个贸易展会联合起来，其中有来自110个国家的50000余名时装专业人士聚集在这里进行交易、展示系列作品并交流创意。四个主要展会同时开展。

第一视觉面料展——展示早于当季18个月的色彩和面料。

www.premierevision.fr

巴黎国际纱线展——展示纱线和纤维。

www.expofil.com

巴黎国际皮革展——皮革、毛皮、纺织品、鞋类、皮具、服装、家具和汽车内饰。

www.lecuiraparis.com

INDIGO展示会——来自世界各地的设计师展示他们的纺织品设计，包括新技术领域的展示。

www.indigo-salon.com

这些贸易联展被统一贯以第一视觉的品牌名。

在每次展览会前，“国际化的协作（International Concertaiton）”使纺织业的发言人们和流行预测公司聚集一堂，可以就下一季色彩和纤维等的重大趋势交换想法。参展商可以独家预览这些专业信息，并在展会上充分运用这些信息来提供强大的潮流导向。

贸易展览会前的几个星期，另一个会议会通过视听演示和电影、时尚研讨会、色彩故事、面料信息和目录等方式强化主要趋势。

这些展会的“格言”是：“选择一种色彩展现其力量，选择一个创意来诠释其内涵，选择一种面料来凸现其纤维。”

在为期4天的展览中，“第一视觉”发行报刊，以每日报道、与买主和织造商的访谈以及其他热门信息为特色。

许多其他的专业纺织机构也会提供其支持和世界各地的信息资料，大部分都可以在任意时段在线获得。纺织行业的三个主要成员是：美国棉花公司（Cotton Incorporated）、莱卡公司（Lycra.com）和国际羊毛局（Woolmark Company）。

在激烈的市场竞争中，这些机构都会提供色彩和趋势服务来推广其产品。其中大多数服务都是免费的，或者从注册机构那里象征性地收取一定的费用。

美国棉花公司

www.cottoninc.com

该集团业务范围主要是探访棉纺厂、与制造商和产品采购商保持联系。它致力于最大可能地支持优质棉产品的开发，其目的在于帮助拓展供应与采购之间的关系，以及和其他具有意义的全球性接触。它在处置工业（the disposal of industry）方面拥有一系列资源，可以使棉花的利用更加高效。

这些资源有：

技术服务（Technical Services）——包括纤维加工、产品开发、印染后整理和棉花质量协助管理。

全球面料馆棉布资料库（THE COTTON-

WORKS® Global Fabric Library），是一个在线查询索引，详细介绍机织、针织、家具、纯棉或含棉量较高（逾60%或更多的棉质）的蕾丝/装饰品。

信息服务（Information Services）——提供棉花供求信息、纤维品质和消费者的研究趋势。这些服务都可以在网站上获得。它们以多媒体研讨会和一对一的展示形式进行发布。

产品趋势分析服务（Product Trend Analysis Services）——此项服务的目的在于保持棉花在世界时尚界中的地位，使得那些从事面料使用预测的人形成用棉至上的思想。通过设计师和专家对该集团的趋势研究和供应商的信息进行重点讲解，可以使这些服务得以实现。

国际羊毛局（The Woolmark Company）

www.wool.com

该公司专门从事羊毛产业创新和技术革新的商业化、技术咨询、商业信息和羊毛织物商业测试工作。它拥有纯羊毛标志（WOOLMARK）、羊毛混纺标志（WOOLMARK BLEND）和羊毛混纺标志特许权（WOOL BLEND License），提供全球统一的质量认证。这些品牌和标志通过广泛的控制检查得到保证，并被全球公认为是品质的标志。该公司一直与时尚、服装和室内纺织品领域内来自世界各地的加工商、设计师和零售商开展合作。

三十多年来，该公司一直为羊毛工业研发色彩，它所开发的“国际羊毛局色彩趋势”（Woolmark Colour Trends）推动了天然动物毛纤维市场的发展。他们的色彩为国际染料制造商提供了指南。它也为每季色彩提供“潘东纺织品”的色彩参考。国际羊毛局还发布服装和室内装饰的色彩趋势报告（Apparel and Interior Colour Trends）。此外，“国际羊毛局市场情报”（Woolmark Market Intelligence）可以提供从羊毛企业的综合统计数据库中获得的全球市场信息。

莱卡公司（Lycra.com）

www.lycra.com

如今，莱卡——一种弹力纤维，几乎可以出现在由天然纤维和人造纤维制成的所有服装中，如牛仔布、皮革、丝绸、棉布。英威达公司（INVISTA）将莱卡品牌看做是服装行业内一个不断发展的时尚偶像，具有无可争议的领先地位。

互联网上有这样的描述：

英威达与莱卡品牌双双是全球时装界趋势和创新的重要源泉，是最新面料研发、趋势预测和时装展示的先锋。英威达致力于创新，而莱卡则不断迎合全球设计师的需求，使服装保持永久的舒适、合体和行动自由。

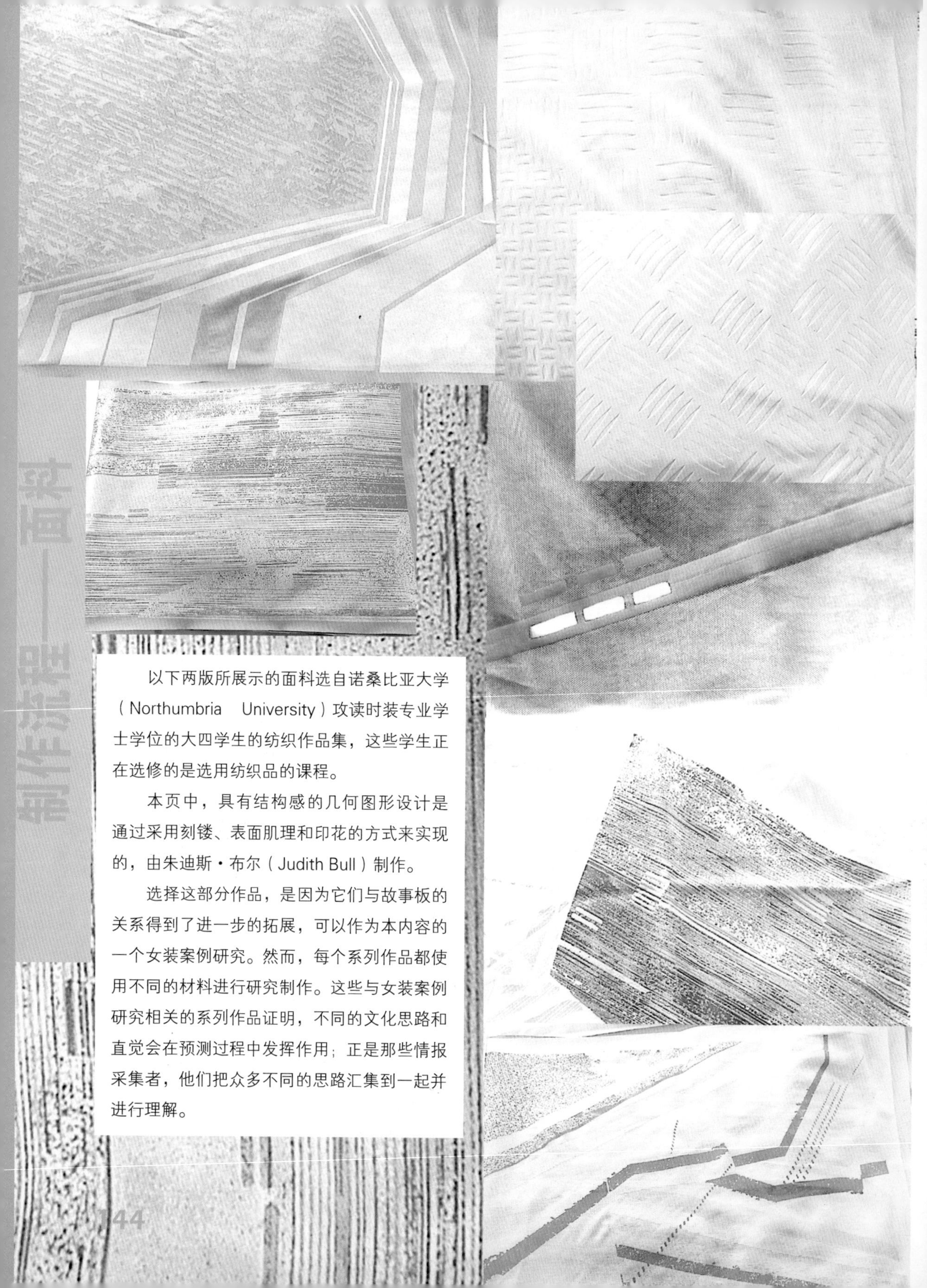

以下两版所展示的面料选自诺桑比亚大学（Northumbria University）攻读时装专业学士学位的大四学生的纺织作品集，这些学生正在选修的是选用纺织品的课程。

本页中，具有结构感的几何图形设计是通过采用刻镂、表面肌理和印花的方式来实现的，由朱迪斯·布尔（Judith Bull）制作。

选择这部分作品，是因为它们与故事板的关系得到了进一步的拓展，可以作为本内容的一个女装案例研究。然而，每个系列作品都使用不同的材料进行研究制作。这些与女装案例研究相关的系列作品证明，不同的文化思路和直觉会在预测过程中发挥作用；正是那些情报采集者，他们把众多不同的思路汇集到一起并进行理解。

这些刺绣、贴线刺绣、拔染印花作品是由朱莉·梅尔斯（Julie Mills）制作的。

这些刺绣、具象和抽象的设计是由劳拉·阿姆斯特朗（Laura Armstrong）制作的。

这些刺绣、表面刻镂和重复印花作品是由萨拉·肯尼迪（Sarah Kennedy）制作的。

为了说明整个流程的整合，我们进行了女装和男装两个案例分析。前者展示了春夏季女装的三个主题；后者则展示了春夏季男装的三个主题。

情绪基调板的设计

在这里，女装主题的情绪基调板和色彩故事是不断发展的；具有共性和相似色彩的图片被放在一起，并用关键描述性语汇给出定义；面料故事也在参考时装专业学生的纺织品作品和其他的基础面料的基础上不断发展着。故事板暗示着三种不同的方向和潜在市场。

作为这一季新的情绪要素，它们共同作用着。

这是常规时装设计流程的运用［参见威利-布莱克威尔（Wiley-Blackwell）出版社出版的《时装设计：过程、创新与实践》（*Design：Process，Innovation and Practice*）］。

首要关键词：

有序 > 无序

潜在的结构，钉着木板，风化的结构，具有肌理感的背景， 峭壁之门，楼层数，涂鸦字母，角落位置（涂鸦），小窗户，钉上木板的窗户，突兀的，每组三张图片，内部视角,条纹壁纸，玷污的壁纸，粗糙的背景。

隐匿 > 显露

层叠的类型，装饰性的，大写字母，19世纪晚期的正式字体，镂空，显露，受损的绘画玻璃，刮痕，透明，正式，数字，珍贵的，石头，易碎的，带有外部装饰的瓷器，颠倒里外。

寻常 > 出众

两只友好的苍蝇，喷绘的链子，印记，目标中心的饰钉，手绘的实用数字——功利主义，规格——放大，粘贴物—价格标签，钢印，街头艺术，符号/图标，浮雕表面，凸起的表面，鞋印，沙子质地，刮痕/朴素。

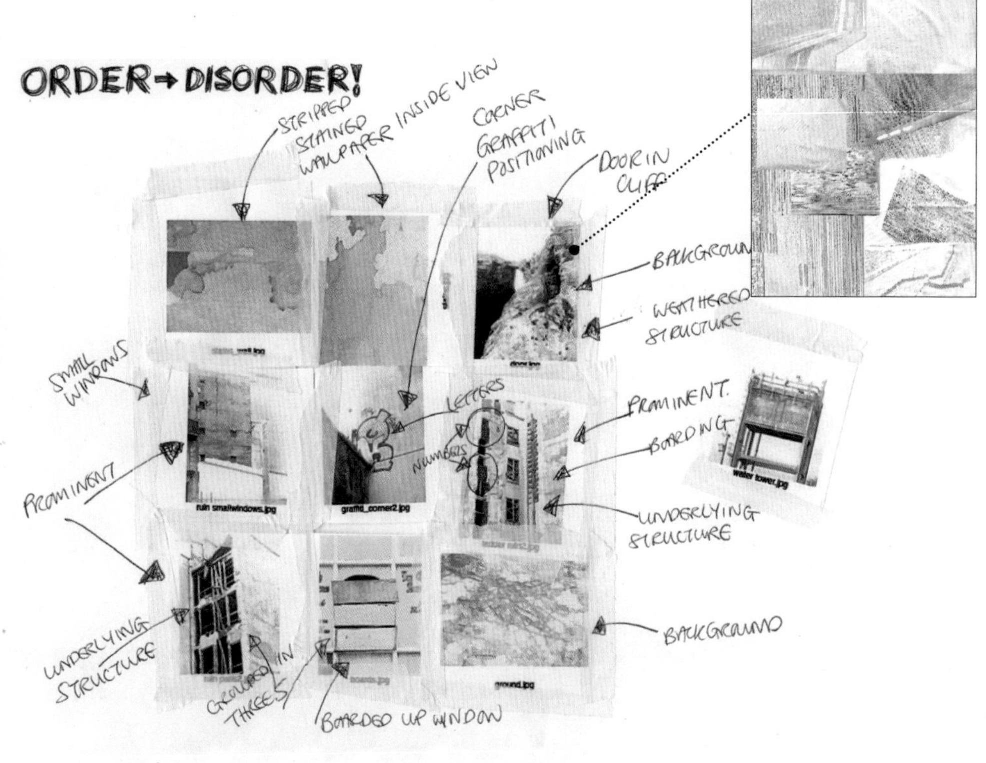

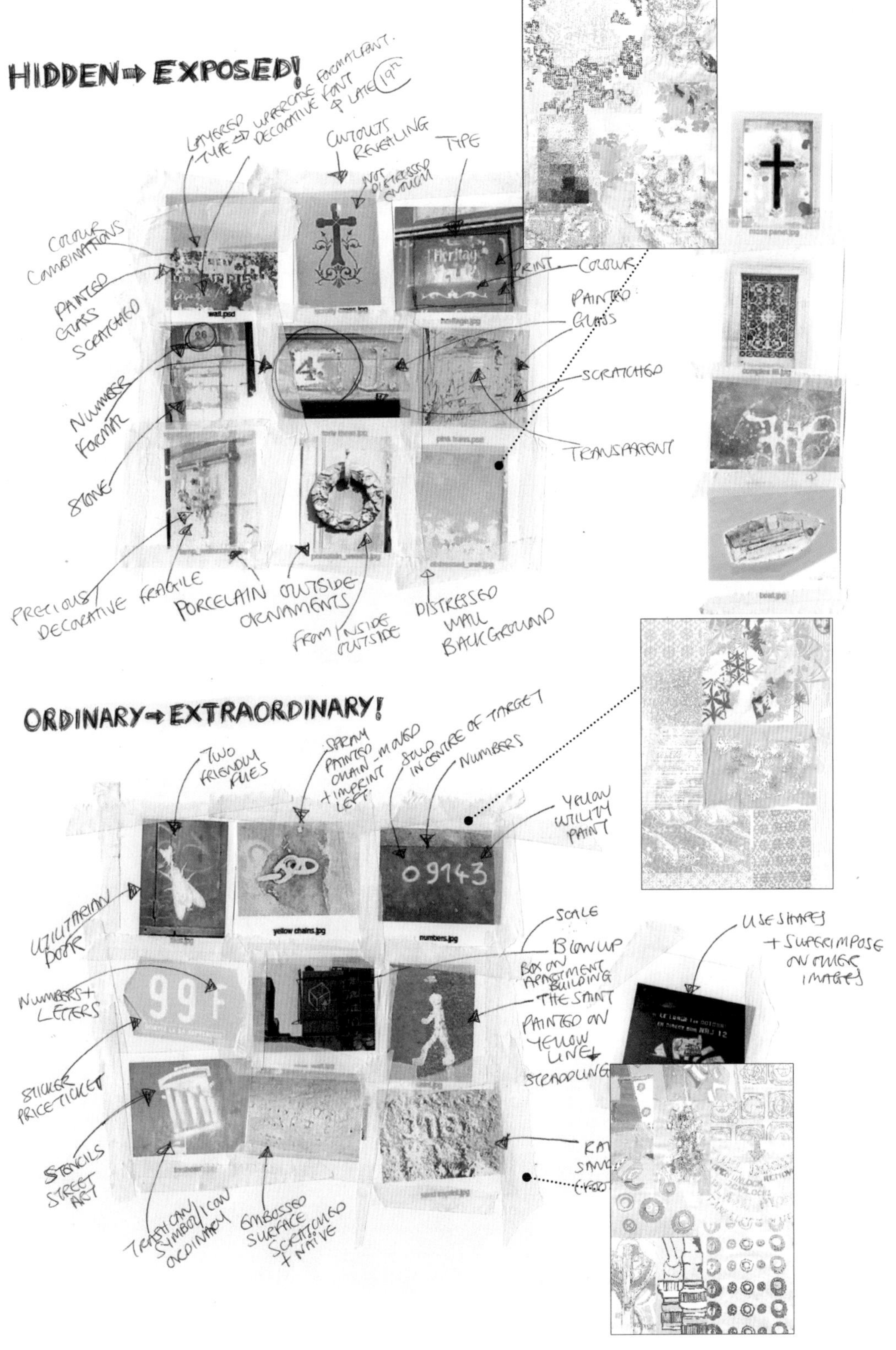
HIDDEN → EXPOSED!
LAYERED TYPE → UPPERCASE FORMAL FONT. DECORATIVE FONT & LATE 19TH
CUTOUTS REVEALING
NOT DISTRESSED ENOUGH
TYPE
COLOUR COMBINATIONS
PAINTED GLASS SCRATCHED
PRINT
COLOUR
PAINTED GLASS
SCRATCHED
NUMBER FORMAT
TRANSPARENT
STONE
PRECIOUS DECORATIVE FRAGILE
PORCELAIN OUTSIDE ORNAMENTS
FROM INSIDE OUTSIDE
DISTRESSED WALL BACKGROUND
ORDINARY → EXTRAORDINARY!
TWO FRIENDLY FLIES
SPRAY PAINTED CHAIN MOVED + IMPRINT LEFT
SOLO IN CENTRE OF TARGET
NUMBERS
YELLOW UTILITY PAINT
0 9143
yellow chains.jpg
numbers.jpg
UTILITARIAN DOOR
SCALE
BLOW UP
BOX ON APARTMENT BUILDING
USE SHAPES + SUPERIMPOSE ON OTHER IMAGES
NUMBERS + LETTERS
99F
THE SAINT PAINTED ON YELLOW LINE + STRADDLING
STICKER PRICE TICKET
STENCILS STREET ART
TRASH CAN SYMBOL/ICON ORDINARY
EMBOSSED SURFACE SCRATCHED + NAIVE

什么是情绪基调板？

情绪基调板通常是许多图片、肌理、色彩等的集合体，按照形象化表述所传达的意图进行编辑。诱发可以为设计师带来灵感的情绪，这是仅用语言所无法达到的。

下面一系列练习是“分析”和“探究”情绪基调板。对于学设计的学生们来说，理解怎样“分析”和“探究”情绪基调板中的视觉化语言，一开始会有点难。有经验的时尚设计师们能够“分析”视觉化语言，并可以“探究”他们自己的理解，进而应用于设计中。

用原版书162页中的情绪基调板来举例说明，以下练习可以向我们展示，有经验的时尚设计师是如何“分析”和“探究”情绪基调板的。这些练习可以分别进行，但是如果依次进行会更有收获。做这些练习中间，可以时而休息一下，因为设计师会过于着迷于某个细节，应该停下来去看看更大的图片。

完成这个练习后，可以试着自己练习158、162和166页的情绪基调板。

“分析”练习1：花时间去观察

理解一个情绪基调板需要花时间，观察方法没有什么特殊要求。这个练习就是让你睁大眼睛观察你所看到的东西，按以下步骤去看162页的情绪基调板：

每一步中的例子的下面都注明了162页中的“情绪基调板示例”。

步骤1

把你所选定的情绪基调板放到一个合适的距离，以便你能够观察到整个画面。然后花五分钟的时间对它进行探究，质疑不熟悉的事物，对于所看到的内容提出问题，切记在解读一个情绪基调板的过程中并不存在对或错的答案。

其间要做一定的笔记。

你所看到的花与传统的样式有什么区别？

为什么使用传统的字体？

为什么一些图像带有忧伤感？

我应该观察这些图案的哪些地方？

为什么在情绪基调板使用石头和木材？

步骤2

休息片刻再接着看。这样你会从情绪基调板中看到更多的东西。

为什么这些花是静态的？它们有什么隐含的信息？

为什么我会有置身于教堂的感觉？

在情绪基调板中使用了什么样的蜡烛？

情绪基调板中的“遗产”一词在此具有什么含义？

“分析”练习2：理解视觉表达

前一个练习是睁大眼睛去观察你所看见的，下一步则要求在一个基调板上对视觉表达进行更深层次的分析，练习重点是培养对视觉表达的分析能力。你可以从很多角度（如以下练习）去分析视觉表达。最具启发的方法之一是把这些视觉元素依次分类，去理解每一个元素对整个画面的意义。

通过以下步骤完成这一过程：

步骤1

选择一些关键词来描述你对基调板的感受，然后思考这些感受来自基调板的何处。

感受	位置
时间的静止	花朵或蜡烛
紧张不安	忧郁悲伤的形象
不为人知的故事	忧郁悲伤的形象或传统的字体
孤独或悲伤	敞开的空间

步骤2

视觉元素是视觉表达的构成模块，不能把他们与装饰、绘画等艺术表现形式混淆在一起。下面的每一种视觉元素都解释了视觉表达的不同部分：

a.色彩是最能激发情感的元素，包含诸多信息。色彩与文化和地域有关，也具有象征意义。如红色，在欧洲代表危险（停止标志），而在中国红色却象征好运。色彩也可以是假想出来的，不用真实呈现。例如，一幅黑白图片上有一位看上去十分生气的人，这张图片就传达出了红色的感觉。

b.肌理表达了另一种感觉——触觉。它可以让我们用眼睛去感受，丰富我们自身的体验。忧郁、侵蚀、斑点。这些使人不愿触碰，使人退后观望。

色彩	文化或关联
黄色	谨慎，衰退
粉红色	爱情、女孩、婚礼、友谊
绿色	成长、新鲜
蓝色	知识

“分析”练习2：
理解视觉表达（续）

c.造型可分为有机造型和几何造型。

有机造型自然流畅，轮廓不规则。几何造型形状规则，两者传递着不同的特点。
圆能唤起温暖感，三角形代表着行动，正方形则表示诚实。

有机造型和几何造型可产生混合造型。
花朵的自然外形传达着温暖。
建筑和字体都是几何形状，它们给人带来传统的感觉。

d. 比例和其他视觉元素共同作用。在本页，比例强调了与其他物体的关系，也强调了和物体背景的关系。

与背景中人为加工的图片相比，花朵的大小与实物不一致。

e.线条表现运动和速度，可以传递情感。例如，下面哪个签名表现出自由，哪个表现出恐惧？哪个签名费时较多？

左面这个潦草线条的签名表现出自信。

"分析"练习2：

理解视觉表达（续）

步骤3

思考一下影响视觉信息的其他元素。

a.图形具有象征性表征作用。例如，鸽子在基督教中象征着和平、纯洁。

象征	**关联**
花朵	维多利亚时代有一种花卉语言（表达情感）。
海葵	表示风的希腊语，意为风儿吹开了花瓣。
押尾桑花结（花束）	维多利亚时代用以表达情人、朋友间的秘密。

b.理解文化、社会、历史和政治文化关联方面的背景知识可以形成视觉表达。看下面文化方面的例子，这是男卫生间还是女卫生间的标志？

当你看到下一页的两个标志时，本页标志的意思就会发生变化，并且会明白这样的图形来自南非一家布须曼人博物馆（Bushman Museum）。如果我们对情绪基调板中出现的形象不熟悉，就要问一问它是否含有文化的、社会的、政治的、或历史的意义？

文化关联

花语、蜡烛、字体都指明了维多利亚时代（1987~1901）。

政治关联

1882年维多利亚时代通过的《已婚女性财产法案》使女性的权力有了变化，这一法案确保已婚女性与未婚女性一样具有买卖和拥有财产的权力。情绪基调板体现了这种变化。

“分析”练习2：
理解视觉表达（续）

步骤4

休息一下，然后继续。

步骤5

继续描述视觉表达，回顾一下各元素间关系。

综上所述，“分析”视觉表达有不同信仰，它们影响着“观察的方式”。方法，取决于分析者的价值观。

以警方侦查为例：侦查工作要求他们选择适于解决问题的方法。他们会反复审视上述视觉元素和要素，并创造性地运用它们。但是，如果是一位牧师，尽管尊重别人的观点，他会更相信《圣经》的教义。牧师的想法会受到宗教象征主义的影响。

必须要意识到价值观和信仰会影响人对视觉表达的分析。

视觉表达：

这个情绪基调板上的视觉表达具有维多利亚时代的特征，因为花和蜡烛都与这一时期女性角色的改变有关，与如何通过花朵来传达隐含信息有关。忧郁的纹理和线条会使人去重新审视，去更深入地理解和探究这一历史时期。

关键词：

维多利亚时代

女性

隐含信息

“探究”练习1：

依据前面练习所做的分析，借助以下问题实例分析的每一步都列出如下：

明确探究焦点。

步骤1

回到情绪基调板上某些引起你惊讶、令你感兴趣、使你困惑的东西。它有可能是你体会到的一种情感，或者一种视觉元素，或者一种要素，它们影响着视觉表达。

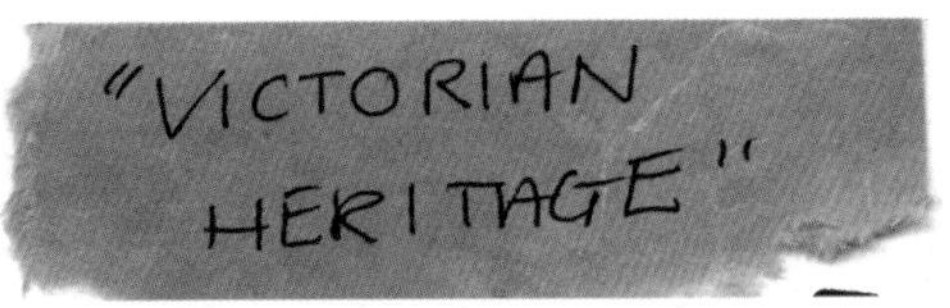

该焦点就是“维多利亚遗产”。

步骤2

纵观情绪基调板，确定一个焦点，给它命名，并用一句话总结你的兴趣所在。

为什么：该焦点展现了维多利亚时代传统的装饰风格和女性角色。

“探究”练习2：

思维导图用词汇、图像、色彩和材料来帮助你自由地拓展思维。

这个练习旨在使用思维导图深入探究研究方向，并且通过下面的步骤研究焦点。

步骤1

准备各种各样不同的材料和一大张纸。

下页是一幅完整的思维导图实例。

步骤2

对以下各区域进行思维导图研究之前，将确定的焦点放在纸张中间。

实物、时期、事件、生活方式、时尚、视觉风格、艺术家、交通工具等都与焦点相关。试思考所要研究的问题，如“这一时期前后是什么状况？”并考虑其他需要探究的问题。

下图是这幅思维导图的局部特写，展现与该区域“实物”和“对应时期”相关的内容。

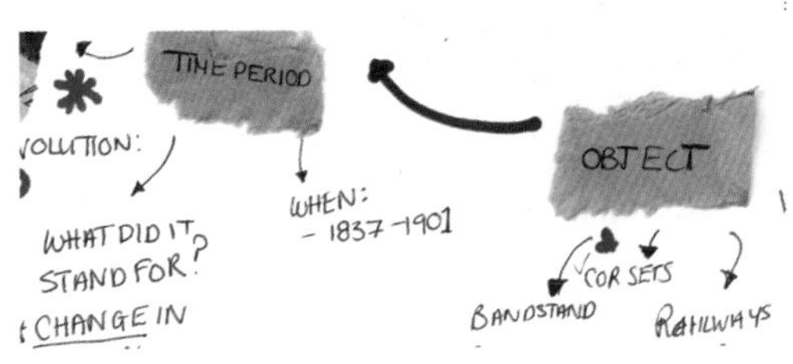

步骤3

将局部思维导图呈现在大纸上。

步骤4

休息片刻，然后回来，把思维导图各区域进行如下分类：

社会的：生活方式，会议地点，共同爱好，人口学，宗教，购物。

历史的：时期，文化视觉风格，色彩，音乐，电影，电视，艺术。

政治的：政府行为，伦理，平等，战争。

这幅思维导图突出了社会、历史、文化、政治领域，用关键词表述如下：

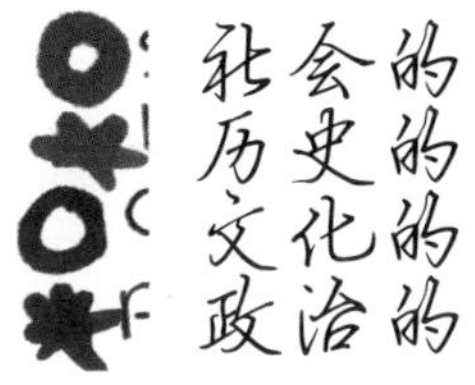

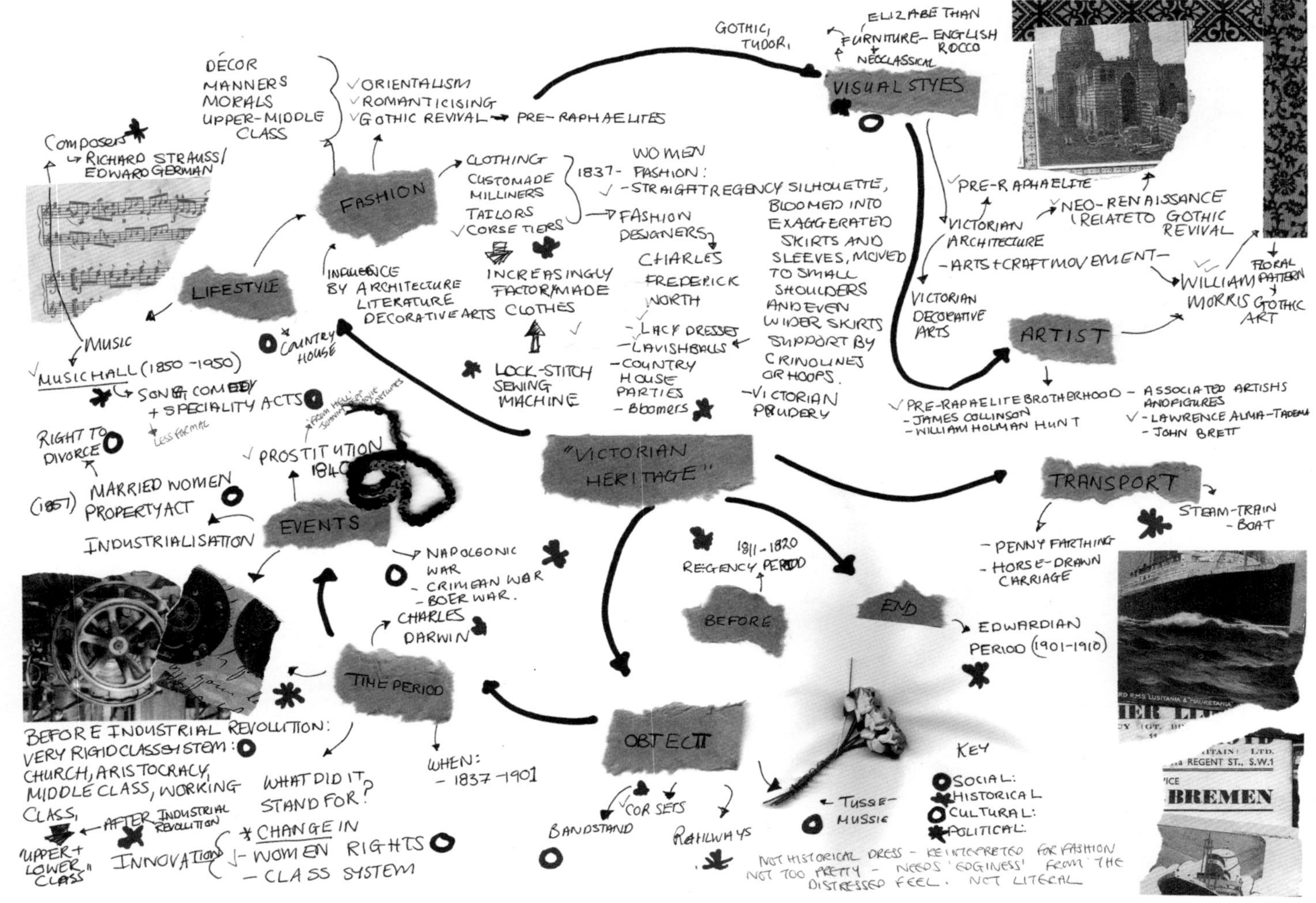
GOTHIC, TUDOR,
ELIZABETHAN
FURNITURE - ENGLISH ROCCO
NEOCLASSICAL
VISUAL STYES
DÉCOR
MANNERS
MORALS
UPPER-MIDDLE CLASS
ORIENTALISM
ROMANTICISING
GOTHIC REVIVAL → PRE-RAPHAELITES
COMPOSERS
RICHARD STRAUSS/
EDWARD GERMAN
FASHION
CLOTHING
CUSTOMADE
MILLINERS
TAILORS
CORSETIERS
1837- WOMEN FASHION:
- STRAIGHT REGENCY SILHOUETTE,
BLOOMED INTO EXAGGERATED SKIRTS AND SLEEVES, MOVED TO SMALL SHOULDERS AND EVEN WIDER SKIRTS SUPPORT BY CRINOLINES OR HOOPS.
- VICTORIAN PRUDERY
FASHION DESIGNERS
CHARLES FREDERICK WORTH
- LACY DRESSES
- LAVISH BALLS
- COUNTRY HOUSE PARTIES
- BLOOMERS
LIFESTYLE
INFLUENCE BY ARCHITECTURE LITERATURE DECORATIVE ARTS
INCREASINGLY FACTORY MADE CLOTHES
LOCK-STITCH SEWING MACHINE
MUSIC
MUSIC HALL (1850-1950)
SONG, COMEDY
+ SPECIALITY ACTS
LESS FORMAL
COUNTRY HOUSE
PRE-RAPHAELITE
VICTORIAN ARCHITECTURE
NEO-RENAISSANCE
RELATE TO GOTHIC REVIVAL
- ARTS + CRAFT MOVEMENT -
WILLIAM MORRIS
FLORAL PATTERN
GOTHIC ART
VICTORIAN DECORATIVE ARTS
ARTIST
PRE-RAPHAELITE BROTHERHOOD
- JAMES COLLINSON
- WILLIAM HOLMAN HUNT
- ASSOCIATED ARTISTS AND FIGURES
- LAWRENCE ALMA-TADEMA
- JOHN BRETT
RIGHT TO DIVORCE
PROSTITUTION
1840
(1857) MARRIED WOMEN PROPERTY ACT
INDUSTRIALISATION
EVENTS
"VICTORIAN HERITAGE"
TRANSPORT
STEAM-TRAIN
- BOAT
- PENNY FARTHING
- HORSE-DRAWN CARRIAGE
NAPOLEONIC WAR
- CRIMEAN WAR
- BOER WAR.
CHARLES DARWIN
1811-1820
REGENCY PERIOD
BEFORE
END
EDWARDIAN PERIOD (1901-1910)
THE PERIOD
WHEN:
- 1837-1901
BEFORE INDUSTRIAL REVOLUTION:
VERY RIGID CLASS SYSTEM:
CHURCH, ARISTOCRACY, MIDDLE CLASS, WORKING CLASS,
AFTER INDUSTRIAL REVOLUTION
"UPPER + LOWER CLASS"
WHAT DID IT STAND FOR?
INNOVATION
CHANGE IN
- WOMEN RIGHTS
- CLASS SYSTEM
OBJECT
BANDSTAND
CORSETS
RAILWAYS
TUSSIE-MUSSIE
KEY
SOCIAL:
HISTORICAL
CULTURAL:
POLITICAL:
NOT HISTORICAL DRESS - REINTERPRETED FOR FASHION
NOT TOO PRETTY - NEEDS 'EDGINESS' FROM THE DISTRESSED FEEL. NOT LITERAL
REGENT ST., S.W.1
BREMEN
整个情绪地图

“探究”练习3：结合其他因素探究焦点

至此，视觉判断是基于如年龄、文化背景、教育程度等个人经历做出的，有必要与同事一起探究和拓展你的焦点。不过，与同事的交谈不太自然的话，可以通过下面的方法来进行：

步骤1

请同事拓展焦点前，应对你的焦点进行描述：

a.你所做的视觉表达分析工作。

b.焦点背后的想法。

为什么选择这个焦点？

从思维导图中得到了什么？

c.考虑好问你同事的问题。

步骤2

以对你所做工作的讲解和焦点背后的思考作为交谈的开始，借助你的思维导图使交谈进行下去。你的同事或老师在思维导图上勾出感兴趣的区域并进行拓展评论。

步骤3

与同事交谈后，思考下面的问题：

a.哪些区域是交谈的重点？

b.哪些区域还没有讨论到？

c.获得了什么新的启发？有什么新的区域可以增添到思维导图并加以探究？

步骤4

在更新思维导图之后，后退几步再观察这幅大的画面，现在你看到了什么？

右侧对应部分是已经分析过的情绪基调板，其后是表明如何利用面料故事、色彩、廓形和细节拓展情绪基调板。设计师的系列设计也会参考那些具有潮流引导性的廓型。

步骤2的实例列出如下

这位同事在思维导图上勾出感兴趣请区域，例如，前拉斐尔派风格（Pre-Raphaelites）；威廉姆·莫里斯（William Morris）。

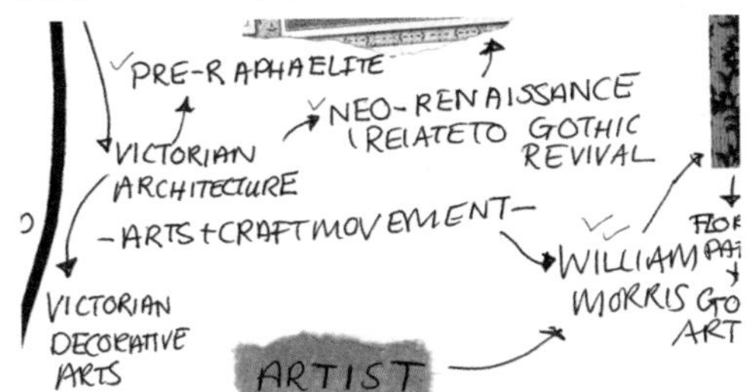

这位同事拓展了“娼妓”这个区域，把它和一部名为《来自地狱》的电影联系起来，电影反映了当今时代充斥着出卖灵魂的现象。以电影中所使用的服装类型作为灵感的来源。

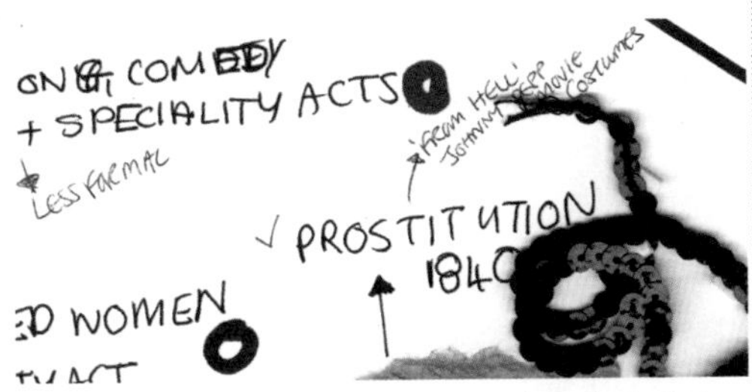

这位同事认为这幅思维导图在探究内容和焦点把握上缺乏想象力。关于“在当今时代再现维多利亚时代样式”的讨论，给出如下评论：“不要把它当作历史服装；与从时尚的角度进行重新诠释；不能太漂亮；忧郁的情感中要有一些尖锐的东西；不要只从文字表面进行理解”。

NOT HISTORICAL DRESS - REINTERPRETED FOR FASHION
NOT TOO PRETTY - NEEDS 'EDGINESS' FROM THE DISTRESSED FEEL. NOT LITERAL

有序 > 无序

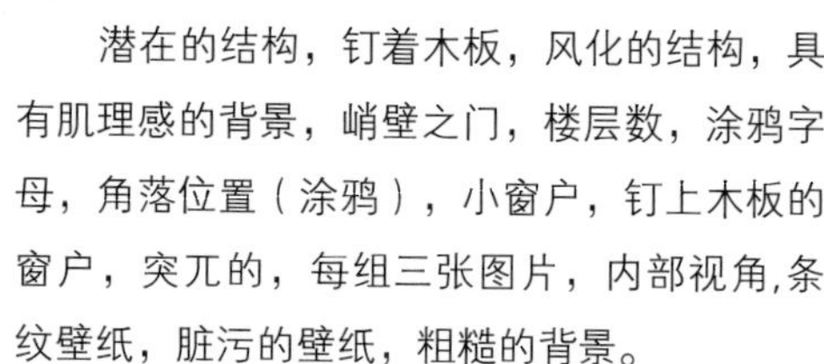

潜在的结构，钉着木板，风化的结构，具有肌理感的背景，峭壁之门，楼层数，涂鸦字母，角落位置（涂鸦），小窗户，钉上木板的窗户，突兀的，每组三张图片，内部视角,条纹壁纸，脏污的壁纸，粗糙的背景。

这部分说明了所有设计元素是如何整合在一起的：色彩、灵感、面料故事、完整的人物廓型、服装轮廓图（或平面结构图）、T恤图形。

流行预测机构为新一季提供了大量的时尚故事。这个案例研究为春夏季给出了三个不同的故事，目的是针对不同市场提供不同创意理念，吸引广泛的客户群。不过，一个主题故事板经常会有每个故事的交叉。这一点与建筑物类似：有的正在被拆毁，有的正在进行喷绘装饰，还有的是古旧传统、破败的建筑。

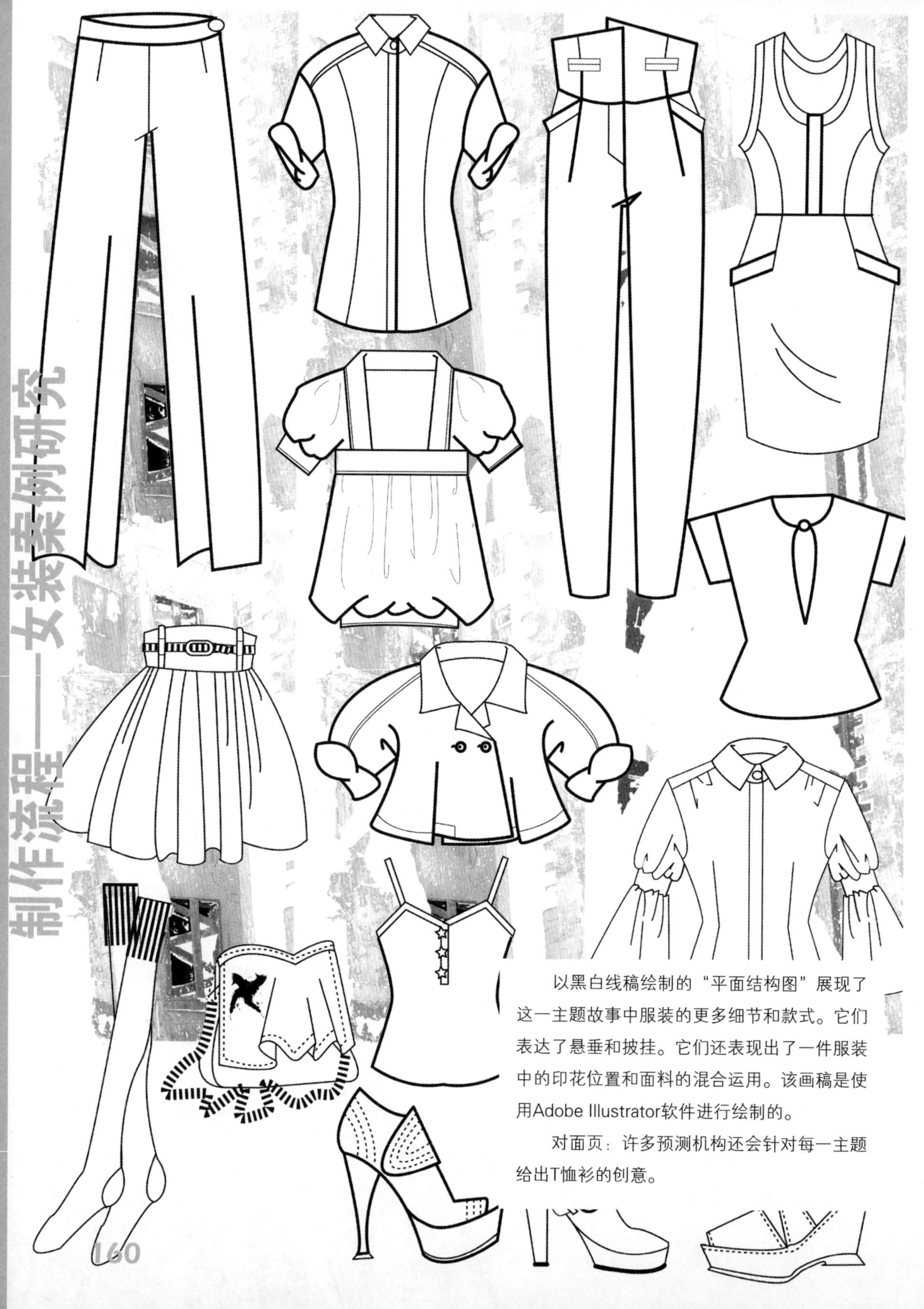

以黑白线稿绘制的“平面结构图”展现了这一主题故事中服装的更多细节和款式。它们表达了悬垂和披挂。它们还表现出了一件服装中的印花位置和面料的混合运用。该画稿是使用Adobe Illustrator软件进行绘制的。

对面页：许多预测机构还会针对每一主题给出T恤衫的创意。

有序>无序

廓型呈箱形并具有结构感，背部条纹，高腰，通过绳带或腰带固定，与情绪基调板中钉有木板的荒废建筑相呼应。印花增添了趣味性，但主要体现在配饰和T恤上。面料表面进行了再造，就像建筑物一样具有肌理感、粗糙感。

层叠的类型，装饰性的，大写字母，19世纪晚期的正式字体，镂空，显露，受损的绘画玻璃，刮痕，透明，正式，数字，珍贵的，石头，易碎的，外表带有装饰的瓷器，颠倒里外。

情绪基调板把一系列图像整合在一起，从中可以获得色彩故事。面料故事与情绪基调板有关，而关键词被用来描绘服装所要表达的态度和潜在的结构。在“观察”练习部分，该情绪基调板曾作为主题进行过分析。

姿态和造型试图说明其目标市场、年龄、发型和消费者的态度。在插画的语境中，“生活方式”可以被一点一点轻松地唤起。

隐匿>显露

廓型经过精心剪裁并以正规的方式进行叠穿，灵感来自于表面布满刮痕的古旧建筑，揭示了另一个时代。服装采用大量刺绣，或者采用暗淡古旧的色彩进行印花。这种样式可与高跟鞋或运动鞋进行造型搭配，装饰物则可以由内而外。

T恤被设计成带有夸张印花图案的女性化款式。

寻常>出众

两只友好的苍蝇，喷绘的链子，印记，目标中心的饰钉，手绘的实用数字——功利主义，规格——放大，粘贴物——价格标签，钢印，街头艺术，符号/图标，浮雕表面，凸起的表面，鞋印，沙子质地，刮痕/朴素。

寻常>出众

廓型垂坠而放松，以一种非正式的方式进行叠穿。该样式采用注重功能性的色系，实用、舒适。面料表面以印有各种标识的城市建筑为灵感。重复的几何图案、我们身处的平凡世界也为印花图案带来了灵感。印花图案在大小上变化丰富，既有微小的重复，又有巨大的定位印花。

款式设计的方向来自于设计师的系列设计和对即将到来趋势的直觉（这种直觉是以设计师对时尚周期性的体验为基础的）。悬垂和披挂的样式反映出与主题相关的生活方式要素，例如，柔和的层次感体现出休闲感，结构化的剪裁更显正式。

流程 — 案例研究

男装

探究（Research）是一个寻找和记录创造性信息的过程，可以为获取灵感而汇集大量的视觉信息。作为一种情报采集的技术，探究在流行预测过程中是必不可少的。它是一种调查式研究，主要针对的是本能感觉到的新鲜、令人激动的事物，以及当代视觉影像的记录文件和当代文化的影响因素。

记录探究素材的过程会得到一个焦点，它可以来自于任何地方，从这个焦点可以催生出创意理念；这些创意可以是完全原创的，并且只会以非常个性化的方式与设计师保持联系。同时，这些创意也会受到时代思潮的影响，成为正在流行的趋势的一部分。灵感的源泉是独特的，与设计师的个人经历密切相关。

探究可以分为两类：一类是调查性研究，包括从大量参考资料中寻找和记录信息，如历史渊源、博物馆、展览会、店铺并收集素材，拍摄结构工艺的细节、深度探究特殊领域；另一类是灵感性研究，可以对任何资源进行绘图或拍照，通常，任何能激发美感和主题灵感的事物都可以选择，如图片，原材料，色彩方案，文章，手稿，面料，笔记，包装纸的碎片，壁纸，广告，照片，装饰物，物品，缝制的样品，收藏品，明信片，古旧纹样，录像，动画剪辑，音乐，图形等。

探究适用于设计过程的每一阶段。顺序如下：探究，灵感，调查，方案构思，方案选择，实现，评估。

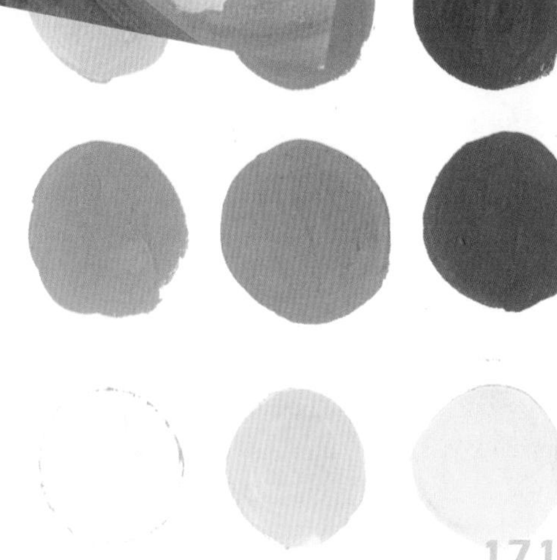

流程 — 案例研究

男装

随后几页中的三个男装主题是基于2007年9月在巴黎拍摄的照片进行创作的；根据色彩、基调，它们被分为三个主题，色彩故事也分别从各自的主题中进行提取。这些主题与服装风格保持紧密的联系，都是在男式休闲装基础上所做的变化款式；第一个主题定位于相对年轻的市场，第二和第三个主题所针对的年龄层逐渐增高。

基调和色彩

前两页中的色彩和图片暗示出主题名称和创意背景，它们可以表现为装饰性和图形化的处理手法和效果。一个以视觉化形象构成的情绪基调板为色彩系列、产品和面料设定了场景；它可以使设计师看到质地、色泽并能想象其装饰效果。这其中有一种对目标消费者市场、年龄和态度等形象的强烈感受。通常会配有描述性的文字。

面料和廓型

接下来两页中的插图说明了所暗示的面料的外观风貌、态度及类别。色彩系列被拓展到面料、后整理、肌理、图案、手感和装饰等方面。将色彩、图案和肌理的比例和平衡感绘制出来以表明廓型。

细节

再下来两页中的黑白线稿，是一个假想的简要设计，显示了裁剪、结构、装饰、细节和装饰效果；为了表达清晰，通常采用黑白画面。

图形和标签

随后两页表明了每一主题在促销图形、标签、吊牌和拉链方面的设计构思，阐述了通过服装中的点缀物来强化品牌的诸多方法。图形设计图片也可以用于其他产品领域来表达创意，例如T恤；这些图形不会仅就其字面意思而使用，而是启动设计思维过程的媒介而已。

PARIS
A/W 07/08
MENSWEAR

Kook

busker

TAXI
DRIVER

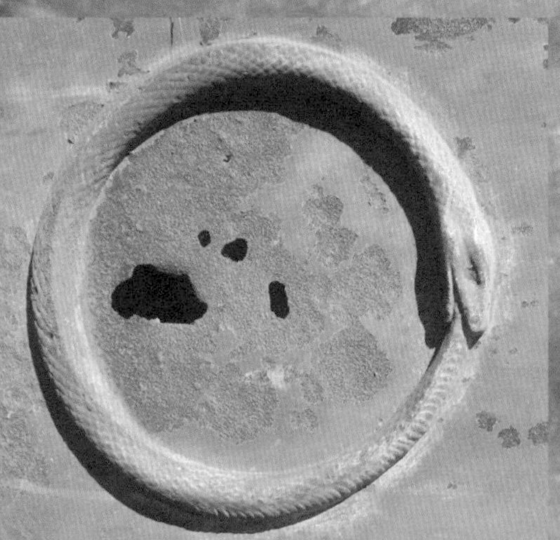

狂人（Kook）

主题与色彩

International Design Exchange Ltd.

面料与廓型

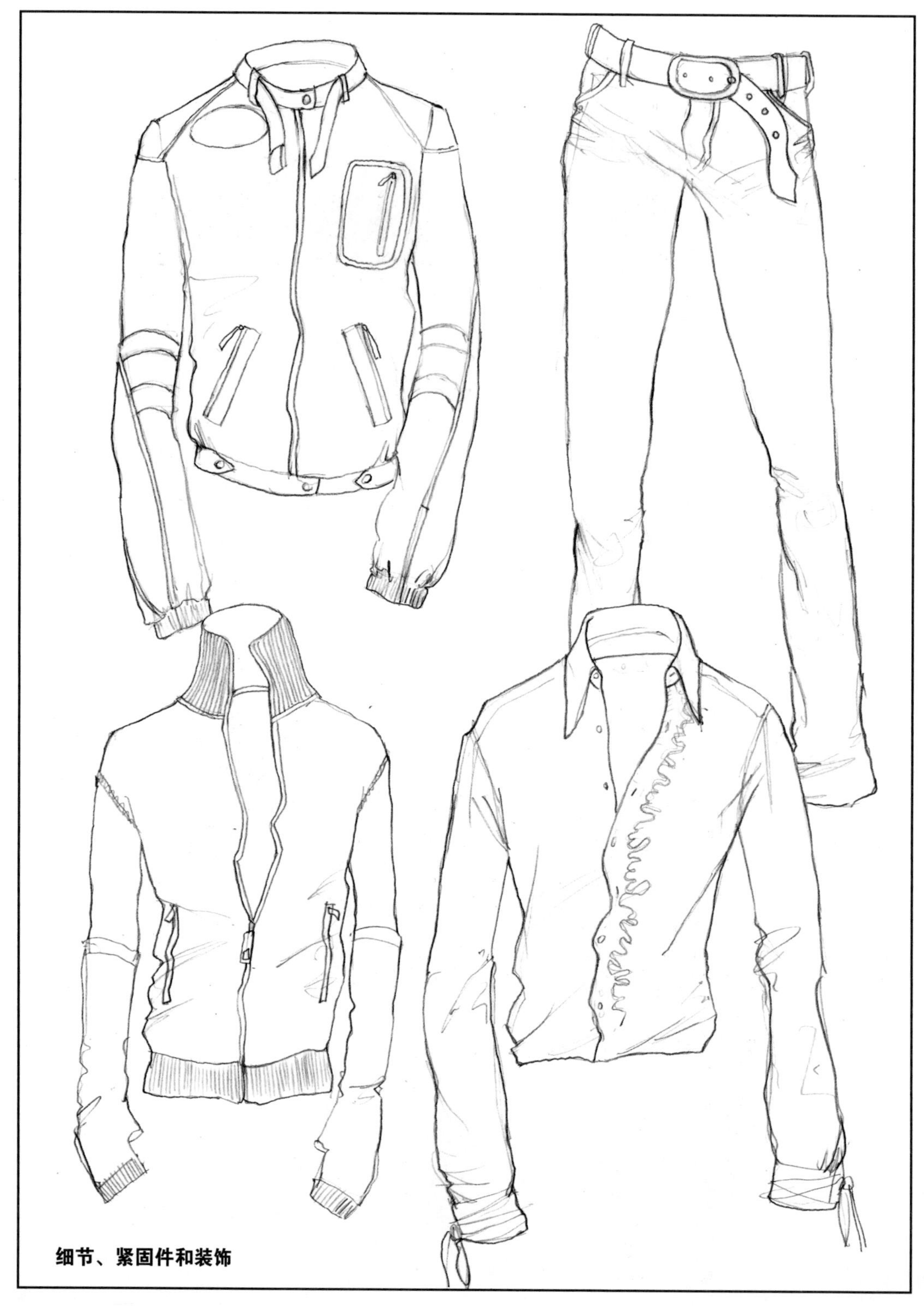

细节、紧固件和装饰

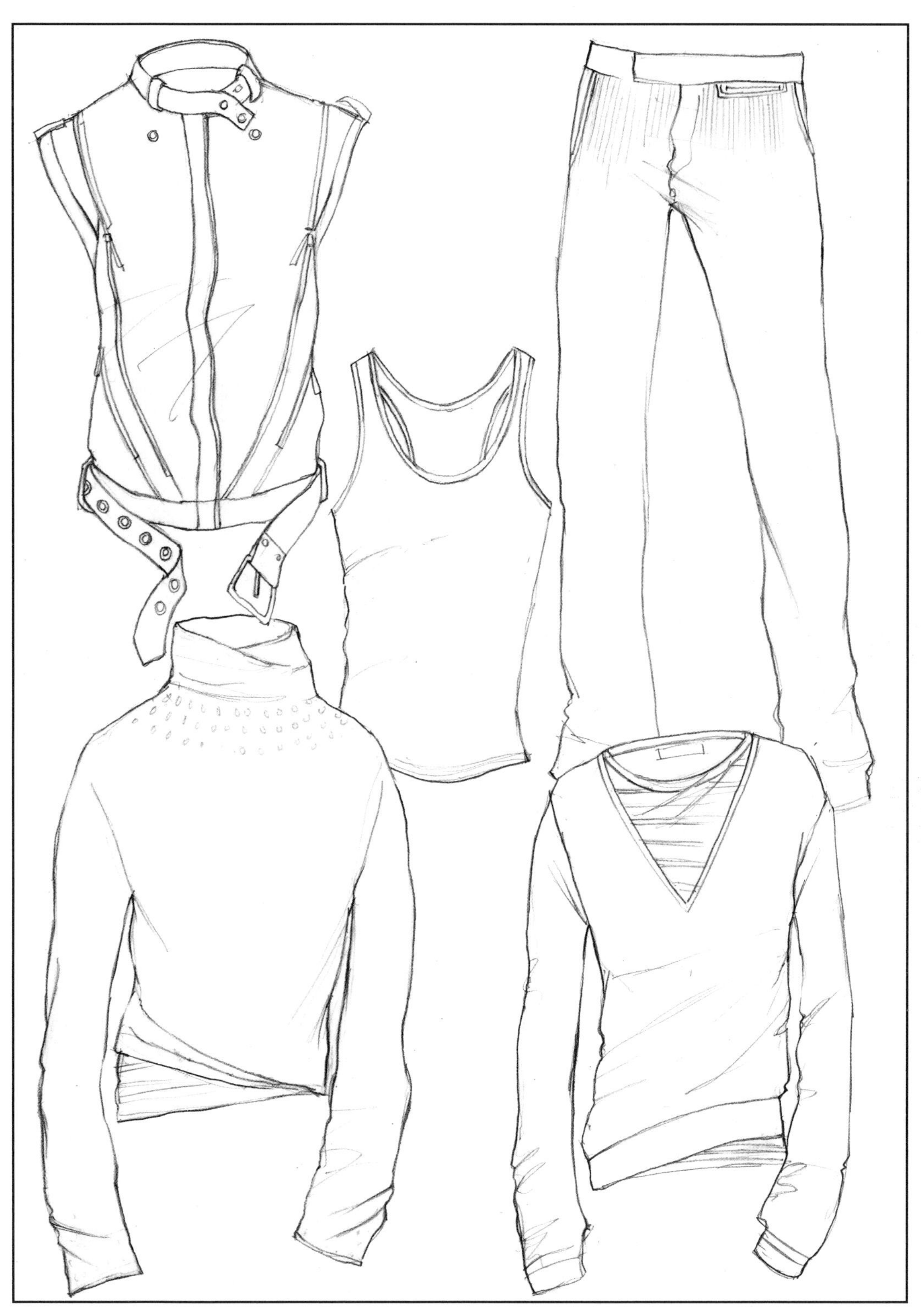

ratus norveticus
poet

品牌与图形

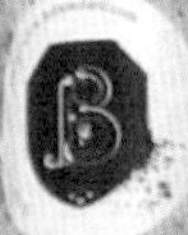

PRODUITS EXOTIQUES

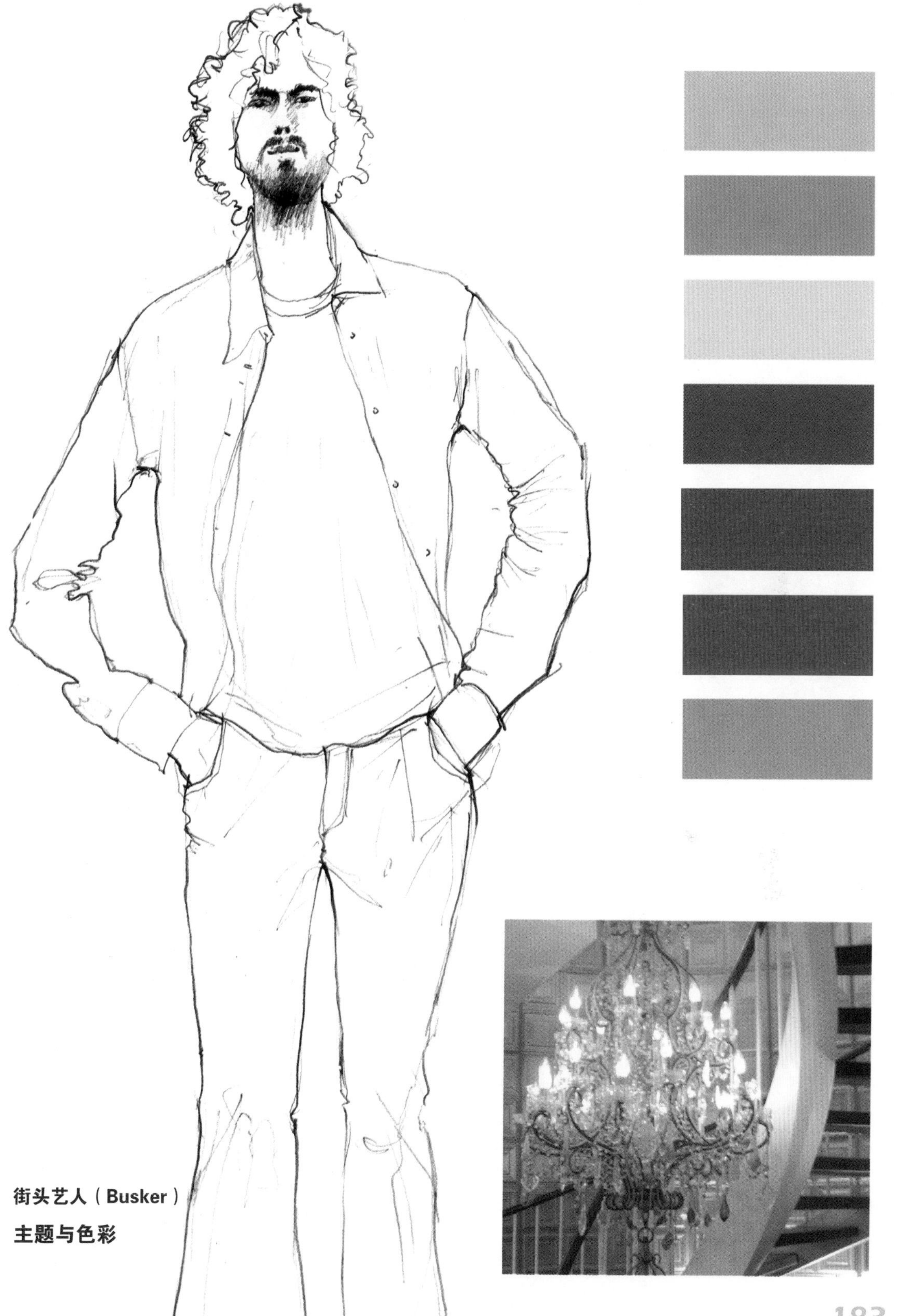

街头艺人（Busker）

主题与色彩

tous opérateurs
Carte nomad

细节、紧固件和装饰

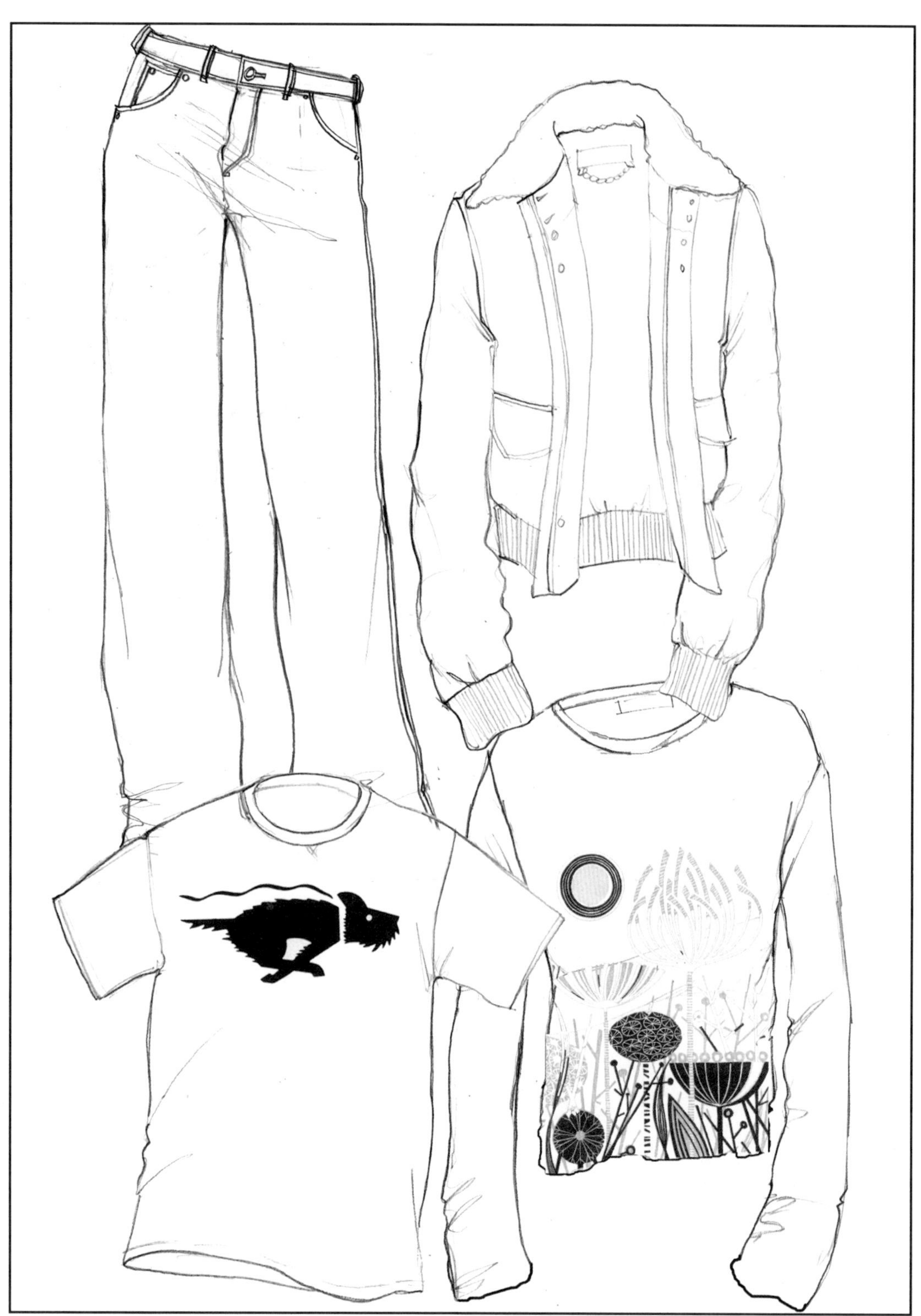

制作流程——男装案例研究

earthsea
ENDGAME
OFF SPRING
KAYO

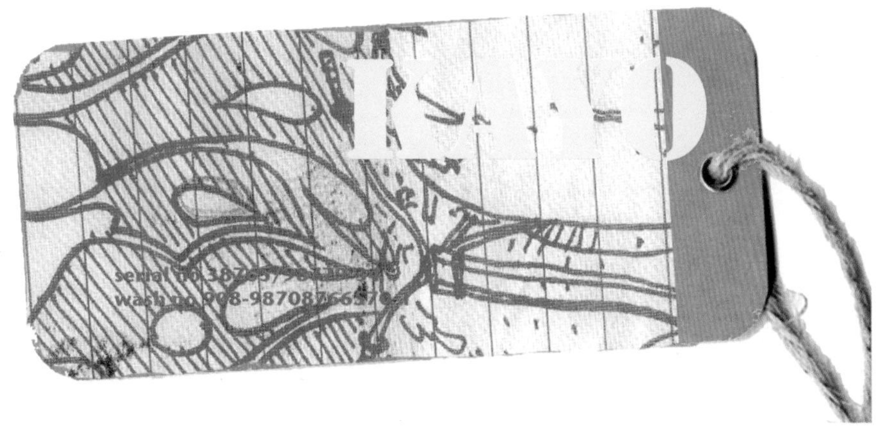

OFF SPRING

END GAME

IER
NATOR
DIT

POUVOIR
EST
MAUDIT

39
THERESA

出租车司机（Taxi Driver）

主题与色彩

面料与廓型

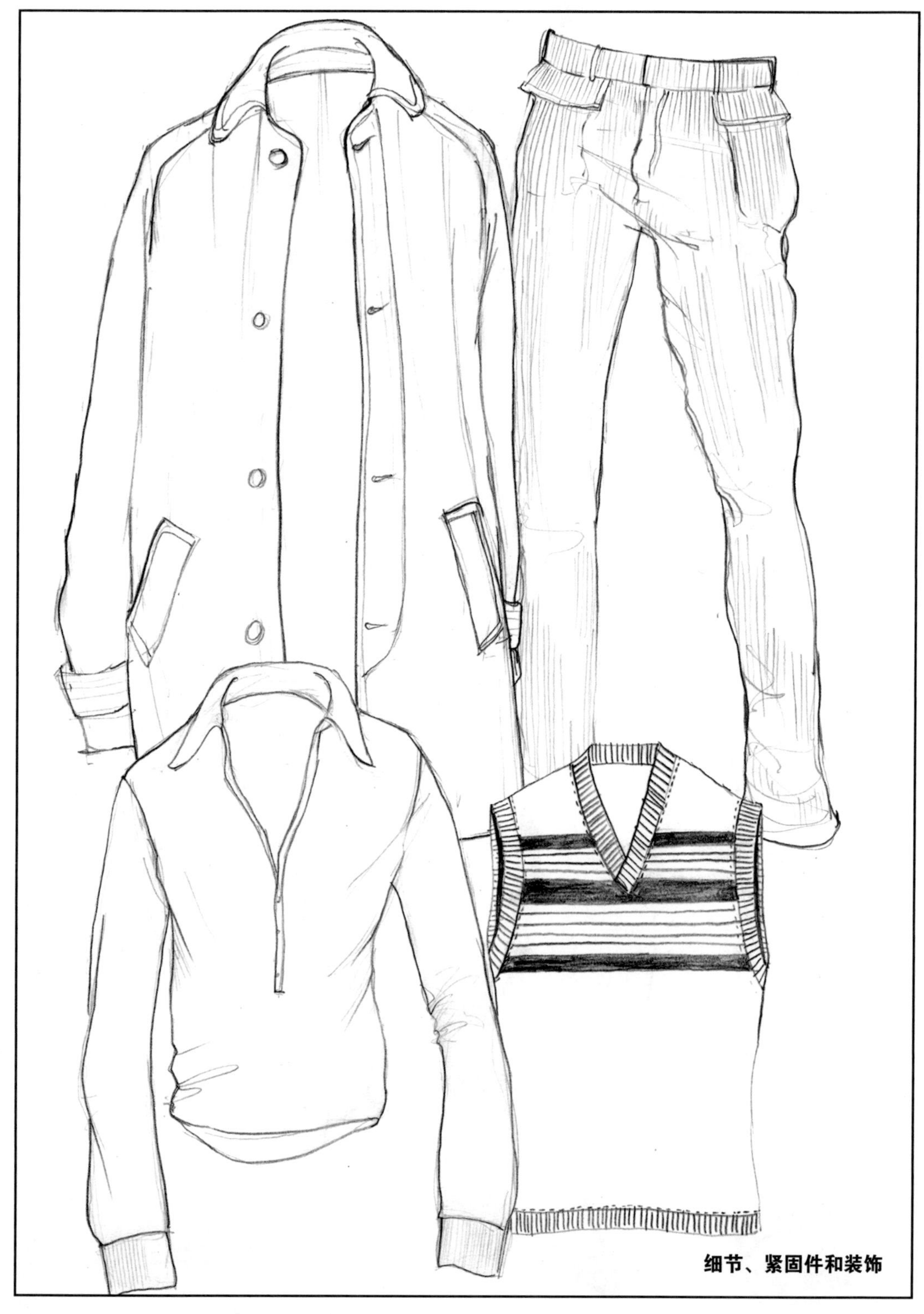

细节、紧固件和装饰

CAB

品牌与图形

时尚和图形贯穿本章，时尚利用图形语言进行视觉传达。

第一部分是关于使用字体和版式设计来传达时尚预测信息和情绪基调。随后，通过品牌化、包装、限量出版物、在线网页等，对作品实例进行多种形式的讲解与传达。在一切情况下，信息都需要进行有条理地组织，以使其表达清晰。

本书篇幅有限，不可能涵盖所有的字体和版式设计的知识，但是，不同类型字体间的衔接和变异的辅助性原则将会有所帮助。深度阅读内容可见参考书目。

图形设计师使用网格进行版式设计的组织与准备。网格可以使多页面文档从始至终保持视觉的协调性和一致性，这里提供一些小窍门。

桌面排版软件，如Adobe InDesign 和 Quark Xpress，能使任何一位设计师通过网格和字体，专业地开展设计工作，但如果没有一些基础性设计，还是会出现问题。这种设计软件要求设计者在版式设计之前进行图像准备，比如，照片——位图图像——在 Adobe Photoshop软件中使用；而插画——矢量图——在Adobe Illustration 软件中使用，因为在设计过程中这些图片要被“并排放在一起”。这些软件的使用技巧可在本书作者所著的《时尚插画》一书中查阅，该书由威利·布莱克威尔出版社于2007年出版。

本章介绍了Adobe InDesign软件使用的基础指南。

右图——从鲁西达（Lucida）到帕拉蒂诺（Palatino）的一系列字体——文字字体，从多恩卡姆（Doencome）到斯坦塞（Stencil，模版字体）——演示字体

Order> Disorder
Lucida Grande 18pt

Order>Disorder
Helvetica 18pt

Order>Disorder
Arial 18pt

Order>Disorder
News Gothic 18pt

Order>Disorder
Bell Gothic Std. 18pt

Order>Disorder
Courier (TT). 18pt

Order>Disorder
Times 18pt

ORDER>DISORDER
Trajan Pro 18pt

Order>Disorder
Palatino 18pt

ORDER>DISORDER
Downcome 18pt

ORDER>DISORDER
Dirty Ego 18pt

Order>Disorder
Big Ruckus 18pt

ORDER>DISORDER
Nasty 18pt

ORDER>DISORDER
Nightmare 18pt

ORDER>DISORDER
Rosewood Std. 18pt

ORDER DISORDER
Schism AOE. 18pt

ORDER>DISORDER
Transponder AOE. 18pt

ORDER>DISORDER
Stencil Std 18pt

Order>Disorder
Chicken Scratch 18pt

Order>Disorder
Bell Gothic Std. 18pt

Order Disorder
Porcelain 18pt

Sonata 18pt

Skull Bearer AOE. 18pt

Linus Face AOE 18pt

Carta 18pt

上图——演示字体和形象化字体

有很多方法来进行字体的分类：有衬线字体(动态的、有角度的和流动的)和无衬线字体（静止的和直立的），此处从略。还有“磅值”(字体的实际尺寸)，而且此类型还可进一步细分为“文本”和“演示”字体。

文本类型倾向于用于连续的“主体”文本用途，给予内容或信息量。演示类型倾向用于标题、分标题和题目，以引起人们对文章或视觉影像的关注。

所有数字化字体在计算机中都是可用的，而且还可以找到更多字体，还可以从许多网站上购买或免费下载，可以试试www.1001freefonts.com或www.dafont.com。

此外还有书法字体、破损字体和形象化字体。

当设计表达一种特殊情绪时，手写体也很受欢迎，而且不应该被忽略。

左图——一种潦草的字体，模板印刷字体
下图——手绘、彩绘、反转类

ORDER·DISORDER

ORDER-DISORDER

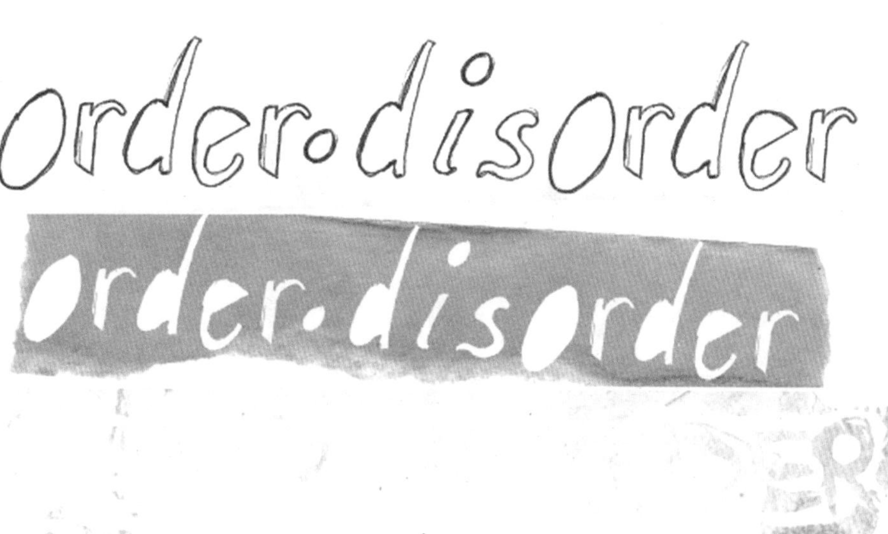

ORDER>DISORDER

ORDER→DISORDER

字体类型是词语符号表征的机械化或数字化的形式。字体类型也与单个的字母形式有关，从字符到词语，再到行，再到文本模块都得到了系统地应用。

字体类型可以从它的外观样式来进行表达，它可以传递出比它本身内容更多的东西，字体中也有“时装”也有普通服装。字体类型一直以来受到未来主义、解构主义、达达主义和现代主义的启发；对于社会文化和政治生活的新态度在20世纪涌现出来，而字体类型则成为能看得见的人造物。

使用剪刀和胶水将从原文中获取的语句片段进行组装，然后重新编排可以创造出全新的意思，体现出这种字体类型的发展。威廉·巴洛斯（William Burroughs）观察到“一个词语并不是它所代表的对象；是由一组词语组成的铅字体，通过随机处理，可以创造出第二层含义”。

实物也被用来构建印刷成语言。一些字体类型的发展借用了后现代主义者的理论，包括片段、杂种、诙谐改编、拼凑、智慧和戏剧。后现代主义赞成将“源于不同时期和地点的思想与形式”集合在一起。它也对延续已久的线性叙事的历史提出质疑。

需要回顾的设计师和艺术家应该包括科特·史威斯（Kurt Schwitters，德国达达主义艺术家及雕塑家），克兰布鲁克学院（Cranbrook Academy），艾普瑞尔·格丽曼（April Greiman，美国平面设计大师），大卫·卡尔森（David Carson，美国平面设计大师、艺术指导），詹米尼·里德（Jamine Reid），斯黛芬·塞戈麦斯特（Stefan Sagmeister，美国视觉艺术家），奈威尔·布罗迪（Neville Brody，数字媒体艺术家）和乔纳森·巴恩布鲁克（Jonathan Barnbrook，英国平面艺术家）。

印刷设计师需要了解技艺、历史理解力、文化和技术问题、美学和功能、语言和语义之间的关系。

简单的印刷原则

· 易读“文本”的最佳选择是古典字体，例如，海维提卡（Helvetica，一种使用广泛的西文无衬线字体）、弗鲁提格（Frutiger，一种西文无衬线字体）、吉尔·桑斯（Gill Sans）、通用体（Univers）、新罗马体（Times New Roman）。

· 不要同时使用太多不同的字体。

· 要避免相似字体的混合运用。

· 文本全部都设置为大写字母是很难读的。应使用大小写的组合。

· 最具可读性的文本字体的规格是：从8磅到12磅（取决于上下文）。

· 不要同时使用大小和粗细变化太多的字体类型。

· 作为文本避免使用太重或太轻的字体——常规思考。

· 对于文本字体而言，字形不要太宽也不要太窄。

· 保持字母和词语间距的一致性，给文本字体带来一种不间断的感觉。

· 每行太长或太短都会扰乱阅读过程。

· 对于文本字体，运用行距使眼睛从一行自然过渡到下一行。

· 为了获得最佳可读性，使用“左对齐”、“右对齐”的布局安排。

· 运用缩进或行距明确表明段落。

· 在不影响阅读的流畅性的前提下，可以强调正文中的元素。

· 不要任意地拉伸字母。

· 字母和单词在基线上应呈直线。

· 如果色彩和字体同时作用，要确定背景和字体之间有足够的对比。

· 不要墨守陈规。

对面页——自上而下——两个不重合的模板印刷字体，在Adobe Illustrator软件中采用3D效果，Font Capricorn 38——黑体和反转体重叠的版本，运用画笔营造出一种“即将滴下来”的效果，蘸有黑色墨水的字母印章，剪切效果的重新编排。

手写体、彩绘

手写体

雕刻、浮雕、划痕

手写体、彩绘、偶然拾得的天然艺术品

Liberties
书法
La Calinière
RUE
DEBELLEYME
传统字体
MAWES
TREGONY 10½
LONDON 263½
SAFETY FIRS
Shell
METRO
No 27
手绘
19
LETTERS
日常生活中的手写店铺和标示
蚀刻

涂鸦（Graggiti）成为一种合法的字体形式，它带来了藐视常规字体的规则和原理的反政府态度。涂鸦字体更多地是与“样式”有关，而非“实质”，任何暗示出来的侵略性都被移除掉。

贴画艺术和品牌成为符号的一种补充，常常是以一种幽默的方式改变其含义。

模版印刷字体和文本模块的编排。

New Document

Document Preset: blackwell
Number of Pages: 1
Facing Pages
Master Text Frame
OK
Cancel
Save Preset...
Fewer Options
Page Size: A4
Width: 210 mm
Height: 297 mm
Orientation:
Columns
Number: 1
Gutter: 4.233 mm
Margins
Top: 12.7 mm
Bottom: 12.7 mm
Inside: 12.7 mm
Outside: 12.7 mm
Bleed and Slug

	Top	Bottom	Inside	Outside
Bleed:	0 mm	0 mm	0 mm	0 mm
Slug:	0 mm	0 mm	0 mm	0 mm

Adobe InDesign是设计师创建书籍和文档时使用的一个多页面排版程序。

该软件与Adobe PhotoShop和Illustrator的界面设计非常相似，是可以对图片进行编辑和创作的补充软件。

在软件中创建字体类型可以按如下步骤进行：

打开InDesign，进入到文件>新文件或书籍，插入所需的页码和所有必要的尺寸。这里的例子就是这本书，图像定位、对面页（以展开页的形式工作）两栏文字中间有5mm的间隙、20mm的边距，而且除了装订线以外还需要在每一侧再留出8mm的空隙，为的是可以使用打印机将超出纸边的图片进行剪切。

你可以以自定义的方式将页面设置或选择为标准的A4页面。当进行自定义时，你可以将设置保存为预置形式(在取消键下方)。这可以使你为它进行命名，然后从预置文件的下拉列表框中选取你的文件。

你可以在页面中放入一定数量的分栏，它将有助于“网络”系统的组织。

如果你没能加入足够的页码，在最初的文件设定中，你可以通过进入窗口（Window）>页面（Pages），然后点击调色板的底部，或者通过点击页面左上角的箭头进行添加。

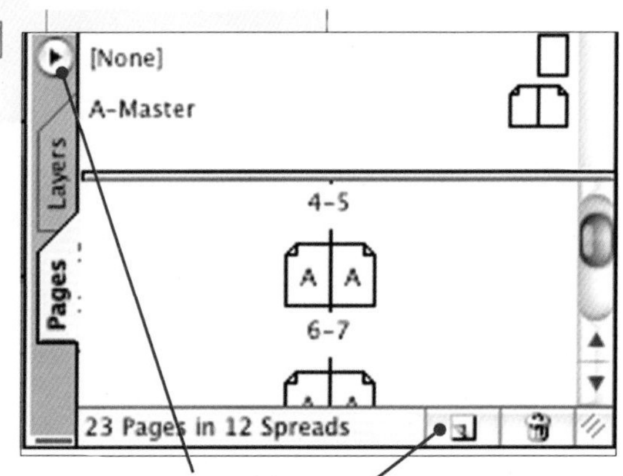

CLICK HERE TO ADD NEW PAGES

添加基础网格(它们可以帮助将图片和文本编排在一起)进入视图（View）>显示文档网格（Show Document Grid）/显示基准网格（Show Baseline Grid）,并且/或者显示向导（Show Guides）。视图（View）>显示标尺（Show Rulers）也是很有用的。向导可以通过将页面顶部和侧面的标尺拖拉至你校准所需的任何位置来进行定位。

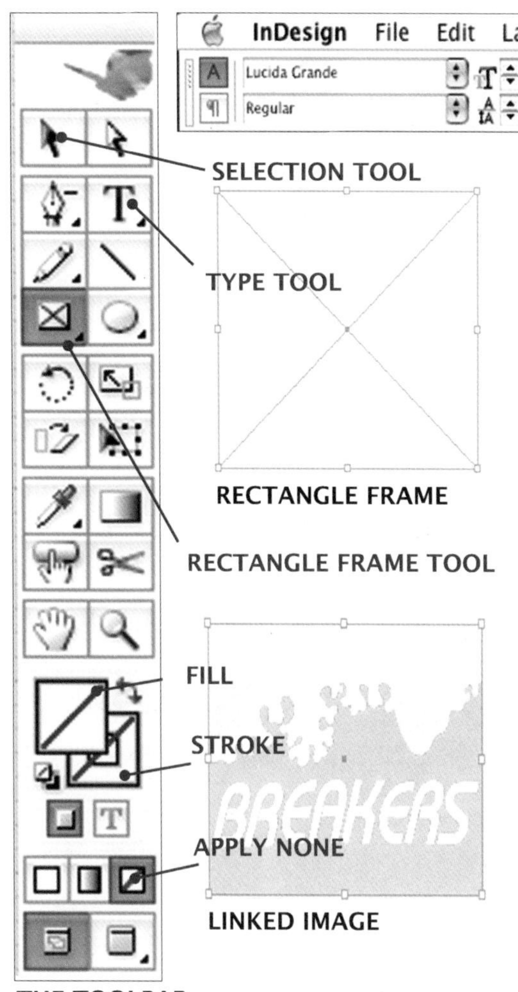

THE TOOLBAR

菜单条

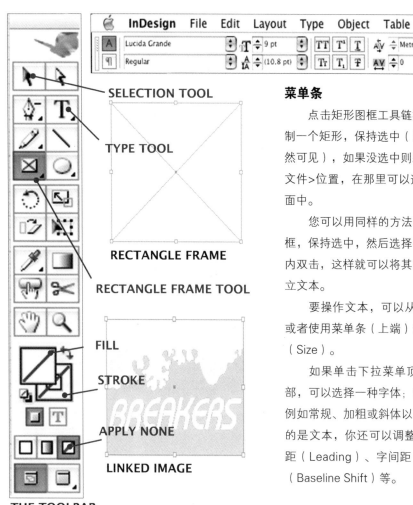

点击矩形图框工具链接图像，然后在页面上绘制一个矩形，保持选中（以确保角落中的小方框仍然可见），如果没选中则采用选择工具。然后进入文件>位置，在那里可以选择想要的图片链接到版面中。

您可以用同样的方法创建文本，创建一个矩形框，保持选中，然后选择字体工具，在新的矩形框内双击，这样就可以将其转换成文本框，然后可创立文本。

要操作文本，可以从窗口>字体和表格>字符或者使用菜单条（上端）选择字体（Font）和大小（Size）。

如果单击下拉菜单顶部，在字符属性面板下部，可以选择一种字体；你可以选择字体的粗细，例如常规、加粗或斜体以及磅值。然后，如果显示的是文本，你还可以调整字偶距（Kerning）、行距（Leading）、字间距（Tracking）、基线位移（Baseline Shift）等。

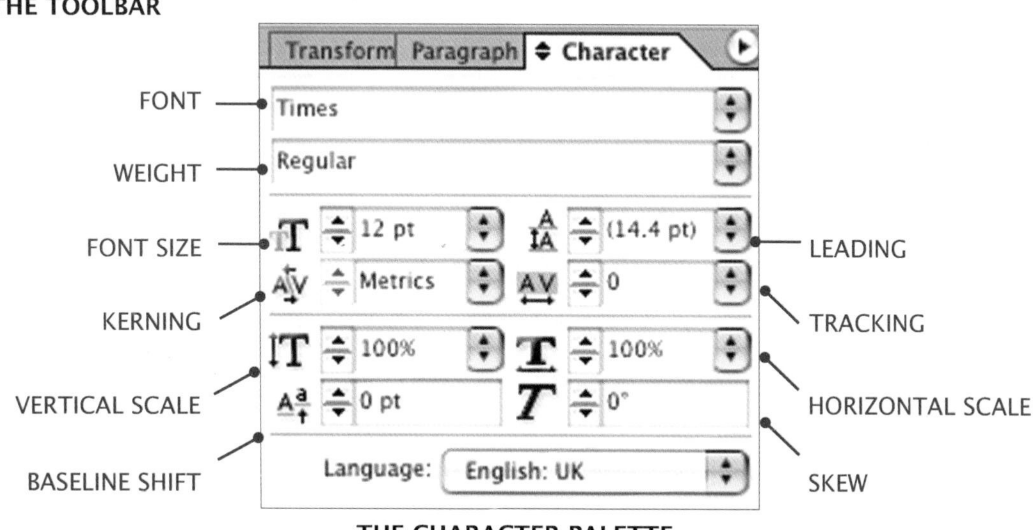

THE CHARACTER PALETTE

字符属性面板操作指南

order>disorder

字偶距（Kerning）

o rd er>dis o r d er

垂直比例（Vertical Scale）

order>disorder

行距(Leading)

order>disorder
order>disorder

字间距(Tracking)

order>d i s o r d e r

水平比例（Horizontal Scale）

order>disorder

斜体(Skew)

order>disorder

字偶距（Kerning）——这是字符之间的空间调整。将光标移动到字符后面做调整。

垂直比例（Vertical Scale）——将字符在垂直方向进行拉伸或集中。

行距(Leading)——行与行之间的间距。

字间距(Tracking)——选中字符之间的调整。

水平比例（Horizontal Scale）——将字符在水平方向进行拉伸或集中。

斜体(Skew)——能够左右倾斜。

基线位移（Baseline shift）——将字符置于一个假想的线上，该功能可以将它们从原来那一行开始进行递增转换（没有演示）。

在InDesign设计软件中使用色彩

要更改文字的色彩可以到窗口>色彩小样，选中文本，然后从色板中选择色彩。如果文本采用轮廓线（outline）/下划线(stroke)，则可以在工具栏上点击不应用。

如果要引入一个更复杂的色彩，就可以点击添加色彩箭头（右）然后点击新的色彩小样，然后调整相应的滑块点击添加，色彩就会出现在色彩小样的面板上。

还可以点击该色板中的下拉菜单来添加数字化的潘东叠印色彩（Pantone Process Colors）。大多数全色彩印刷应该是CMYK而不是RGB，这对于围绕屏幕开展的设计活动更好。

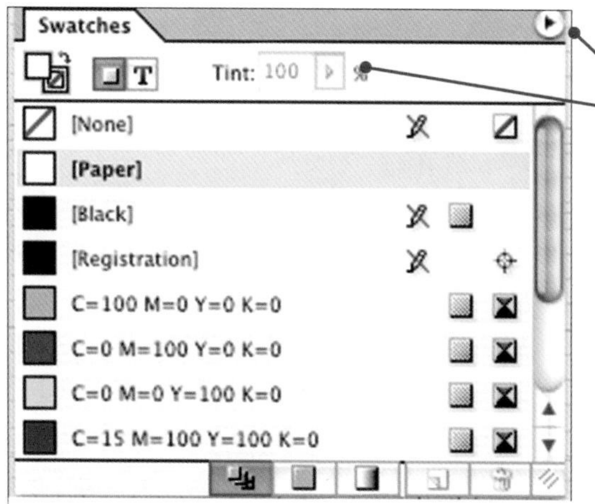

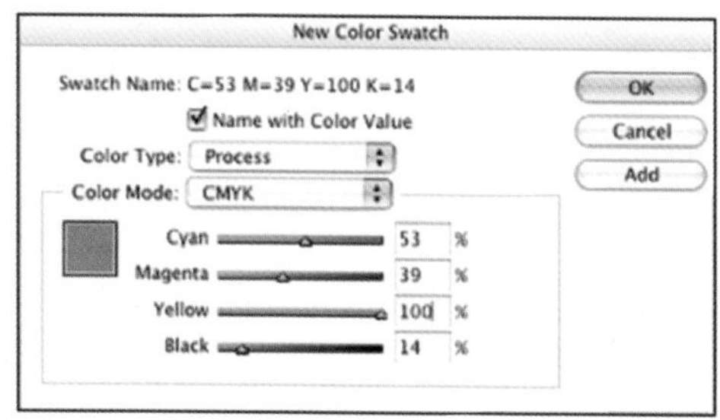

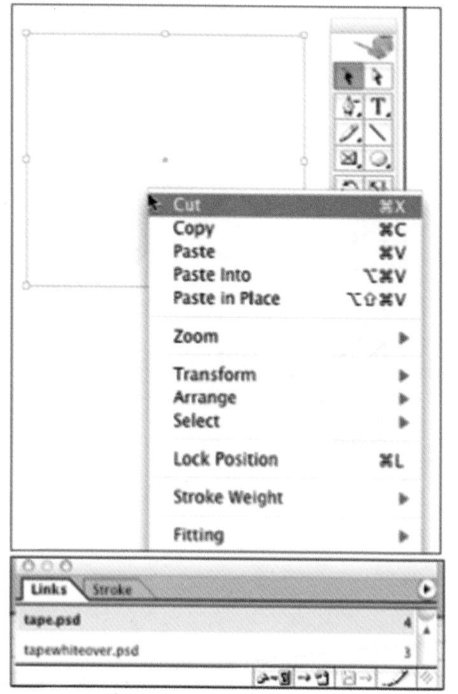

色彩样板

InDesign软件中有许多有用的工具，其中一些工具可以采用与Illustrator相似的方法进行操作。

在Macintosh Computer（麦金托什电脑，苹果电脑中的个人系列电脑）上点击“Ctrl”键或者在PC（个人电脑）中点击右键，可以以快捷方式了解这些有用的工具；由此产生菜单，取决于当时运行的活动。这使得设计人员有效地选择功能，例如，在一个矩形框中放置一张图片，按住Ctrl菜单就可以实现成比例地自动适应。

当文档已经完成，就可以创建一个PDF文件（Portable Document Format,便携文件格式），该文件可以方便携带并在任何机器中进行打印。但是，创建PDF文件以前你应该对文件进行检查，这被称为印前检查（Preflight）。转至文件>预检，电脑将自动检查文件，以确保一切工作无误。

印前检查也会提醒你将文档中任何RGB文件进行转换。如果你转至窗口>链接，双击每个链接的文件，对话框将会注明该文件是否为RGB或CMYK。退出对话框并将需要编辑的文件转至页面，点击并使用Ctrl菜单选中的编辑源文件（Edit Original），这会将你带到PhotoShop中编辑文件，同时也将会在InDesign中进行自动更新。

一旦印前检查无误，你就可以点击文件包（Package），该功能可以在文件夹中收集所有图片和字体，从中可以创建PDF文件。转至文件>输出，命名并选择PDF格式和目标路径。PDF文件就此完成创建。

好的版式设计依靠的是一个基本的图形概念：网格。

这种方法可以使书籍或杂志获得统一的结构。对于多页或者多屏的文件来说，它会提供一致性和

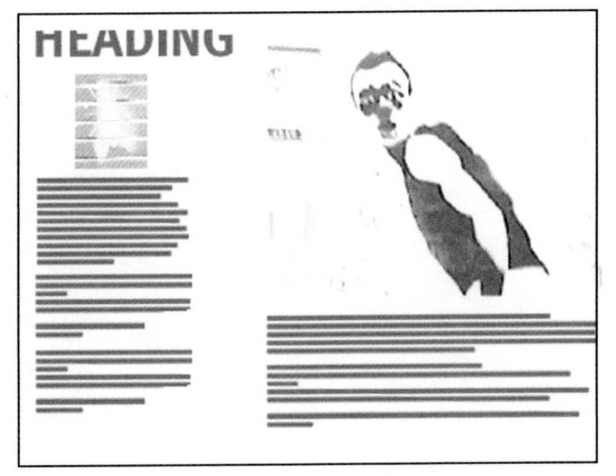

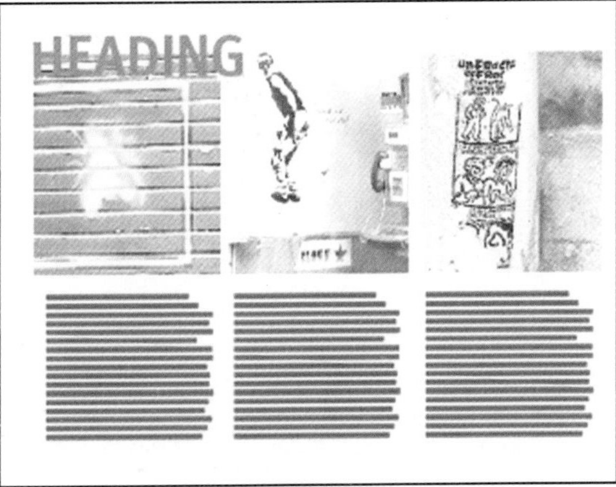

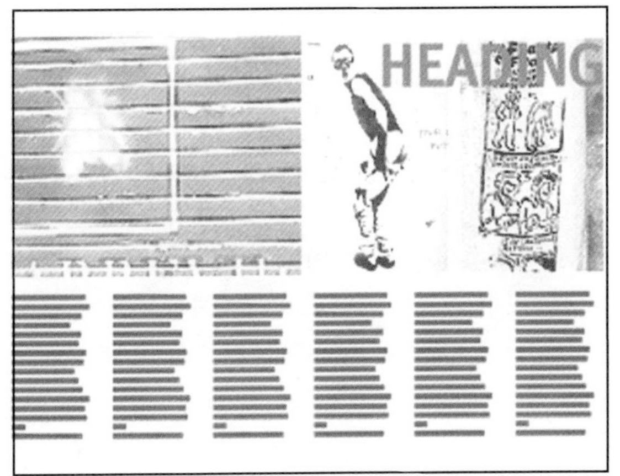

视觉和谐。它有助于建立结构层次和连贯性。对于设计画册、新闻简报、传单、网页或书籍而言，网格都是很有用的。

读者可以通过网格对印刷页面进行导读，可以随意进入，因此读者可以根据需求浏览内容。

对于一些较大的项目，需要大量人员输入内容、进行合作时，网格也是非常有用的。

然而，在任何情况下运用所有网格元素，既没有必要，也不符合审美需要。

特定的网格会产生特别的问题，例如，从可读性角度进行考虑，较窄的列可能会导致更多断裂字词的出现。有时“rivers”在句末会使用连字符。这就不得不由印刷工人来做出决定。

在Desktop Publishing软件中运用Master页面可以创造出大量的网格。在InDesign中转至窗口>页面，然后点击页面顶端的A-Master，在选中页面中创建版式，然后，从Master中拖至主要文件中使用。你可以需要多少Master，就创建多少个。

关于设计网格的进一步阅读请参阅参考文献。

左图——简化的网格设计

品牌GLO的面料故事和视觉识别。以下所有的应用设计都出自鲁斯·卡帕斯迪克（Ruth Capstick）之手。

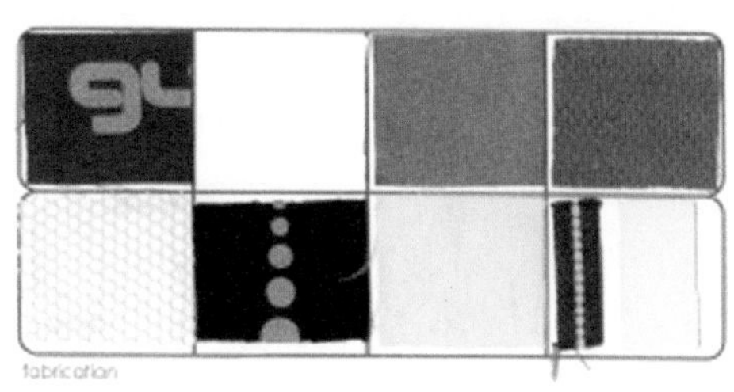

服装设计与细节，以页面上部2/3的版式视觉效果为主，在下部1/3处编写信息。

以色彩故事的形式进行分镜头剧本和造型拍摄的情绪基调表达。

On Two Wheels, a series of photographs
taken whilst on a ride, played at different
speeds with the effect of a digital flip book.

GLO品牌在其CD光盘和包装上的应用设计。

左图——GLO品牌在吊牌中的应用设计。
下图——在包装、信笺和配饰中的应用设计。

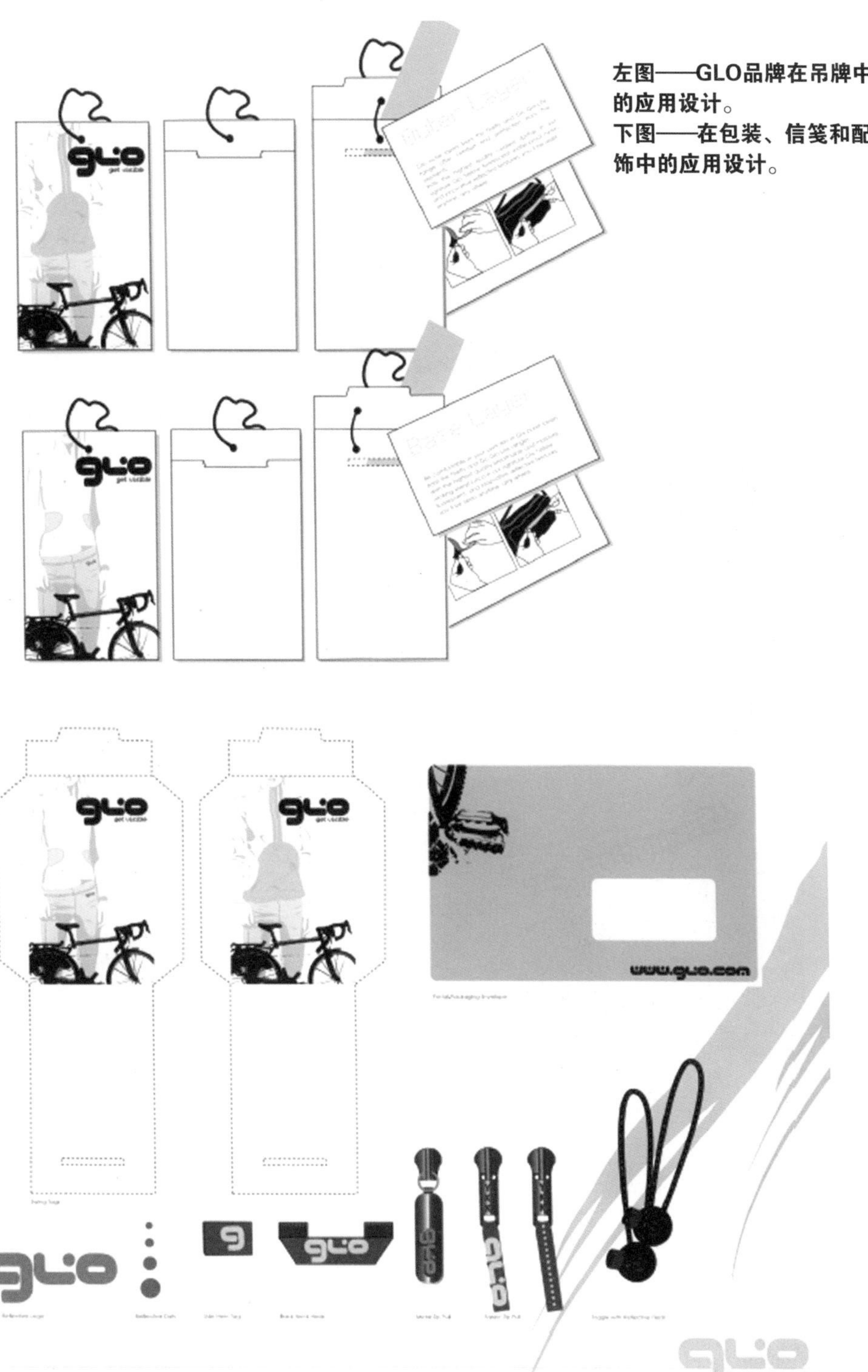

应用于网页设计中的品牌识别和色彩故事，采用一半可视信息、一半文字的平分网格。

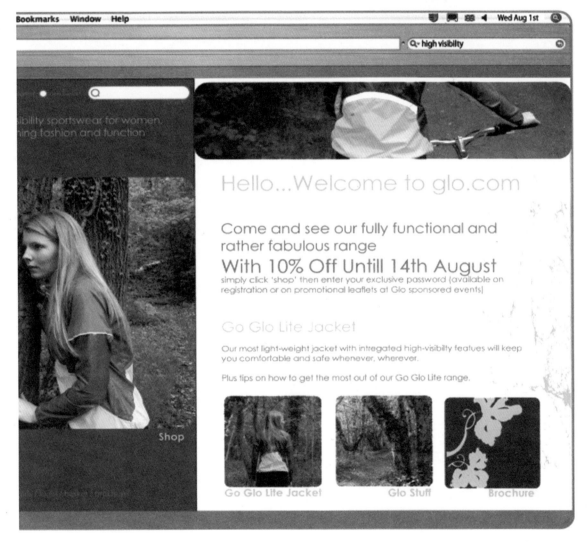

Bookmarks Window Help

Wed Aug 1st

high visibilty

ibility sportswear for women,
ning fashion and function

Hello...Welcome to glo.com

Come and see our fully functional and rather fabulous range

With 10% Off Untill 14th August

simply click 'shop' then enter your exclusive password (available on registration or on promotional leaflets at Glo sponsored events)

Go Glo Lite Jacket

Our most light-weight jacket with intregated high-visibilty featues will keep you comfortable and safe whenever, wherever.

Plus tips on how to get the most out of our Go Glo Lite range.

Shop

Go Glo Lite Jacket

Glo Stuff

Brochure

结束语

毫无疑问，对时尚产业带来重大影响的因素促成了全球数字化沟通方式的出现。这彻底改变了实践，并催生了许多新的、具有影响力的公司，他们能够抓住即时报道的潜力来满足时尚行业内对“时新”永不满足的胃口。15年以前，我们就发起了一个研究项目，想要了解正在出现的数字化技术对现存预测行业的冲击，在那时，我们是以限量版出版物的每年注册用户为基础的。我们拜访了一家小型的新公司，即沃斯全球时装网（WGSN,Worth Global Style Network），它与大量涌现出来的其他创业公司一起，已经抓住网络的潜力，使其成为多学科设计交流与传播的中心。这家公司，现在已经在伦敦证券交易所上市，成为一家全球化的企业。

这些网络服务，连同数码相机，已经为执行主管和设计师提供一种新的方式，将大量信息和商业事务传播给他们，使他们可以在掌握消费者优先权（偏好）的坚实基础上对即将到来的一季做出决策。这种多元化报道和全球化时时观察已经在艺术、图形、建筑和产品设计领域之间提供了影响因素和灵感。值得注意的是，这些以预测公司为基础的大型网络的出现，除了带来业务以外，并不能带来更具有传统手工艺特色的出版物和服务，而这已是传统预测的根基所在。事实上，这些公司一直以来都是依靠提供大量的专家实地咨询、为设计师提供出版物和可触摸的色板和肌理样品而生存下来的。

时尚周期渗透到设计的所有方面，以至于产品、字体、图形，甚至是古装戏剧和电影，都能轻而易举地通过其风格准确地指出年份。流行趋势预测，已经通过提供与消费者需求相关的早期情报，成为分析这一周期性过程的有价值的方法，它使得公司更加高效和更具竞争力。如今，“预测”这个术语已经不如以往使用得那么频繁了，因为一些更新的术语显得更为合适，例如：创造性的解决方案、设计情报、未来等。

本书最重要的观察法是，在设计过程中，通过探究，对素材资源的调研提供灵感、信息和市场情报，这是至关重要的。信息可以从报纸、杂志和网络等任何地方找到；它非常迅速地消费着，知识和信息成为重要的商品，它们有时就像完全不相干的两股纱线，需要被梳理和重新组织而使其具有意义。

我们对现代预测进行调研的目的在于，从时尚预测者复杂角色的角度来呈现当代实践活动的片段，作为诠释者和产品缔造者，他为设计师寻找并编辑信息。这种对当今预测实践的探索说明了该行业的多学科实质、流行趋势代理机构的多样性以及不断演变发展的技术和市场的影响力。我们希望这种对世界设计情报的深入视角将会为读者带来灵感和启迪，并且在国际化当代实践活动方面成为有用的资源。

“未来走近我们，其目的在于，在它到来之前，可以在我们身上体现它的改变。”

瑞恩纳·玛丽娅·瑞尔克
写给一个年轻诗人的信，1904年8月12日

BIBLIOGRAPHY
For further reading:

FASHION FORECASTING RELATED TEXTS
Brannon, E. (2000), Fashion Forecasting, Fairchild.

Craik, J. (1995), The Face of Fashion, Routledge.

Diane, T., & Cassidy, T., (2005), Colour Forecasting, Wiley-Blackwell.

Eundeok, K., & Fiore, A.M., (2001), Fashion Trends and Forecasting (Understanding Fashion), Berg Publishers Ltd.

Hines, T. & Bruce, M., (Eds) (2001), Fashion Marketing, Contemporary Issues, Butterworth-Heinemann.

Garfield, S., (2000), Mauve, Faber & Faber.

Perna, R., (1992), Fashion Forecasting, Fairchild Publications.

Seivewright, S., (2007), Basics Fashion: Research and Design, AVA Publishing.

Strauss, M. & Lynch, A. (2007), Changing Fashion: A Critical Introduction to Trend Analysis and Cultural Meaning, Berg Publishers.

TREND RELATED TEXTS
Evans, D., (2007), Coolhunting: A Guide to High Design and Innovation, Southbank Publishing.

Popcorn, F., (1996), Clicking: 16 Trends to Future Fit Your Life, Your Work and Your Business, Harper Collins.

Popcorn, F., & Marigold, L., (2001), Eveolution: The Eight Truths of Marketing to Women, Hyperion.

Rosen, E., (2000), The Anatomy of Buzz, Harper Collins.

Salzman, M., (2006), Next Now: Trends for the Future, Palgrave Macmillan.

BRANDING & TYPOGRAPHICALLY RELATED TEXTS
Gerber, A., (2004), All Messed Up: Unpredictable Graphics, Laurence King.

Jury, D., (2002), About Face: Reviving the Rules of Typography, Rotovision SA.

Klein, N., (2005), No Logo, Harper Perennial.

Monk, Jaybo, (2006), My Head is a Visual Township, Die Gestalten Verlag.

Mono, (2004), Branding: From Brief to Finished Solution, Rotovision.

Ries, A. & L. (2000), The Immutable Laws of Branding, Harper Collins Business.

Triggs, T., (2003), The Typographic Experiment: Radical Innovation in Contemporary Type Design, Thames & Hudson.

Wigan, M., (2006), Visual Thinking, AVA Publishing

PRODUCT RELATED TEXTS
Danziger, P., (2004), Why People Buy Things They Don't Need, Dearborn Trade Publishing.

Norman, D. A., (2005), Emotional Design: Why We love (or Hate) Everyday Things, Basic Books.

GRID RELATED TEXTS
Davis, G., (2007), The Designer's Toolkit: 500 Grids and Stylesheets, Chronicle Books LLC.

SOFTWARE SUPPORT TEXTS
Cohen, S., (October 2007), InDesign CS3 for Macintosh and Windows (Visual QuickStart Guide), Peachpit Press.

Weinmann, E., & Lourekas, P., (July 2007), Photoshop CS3 for Windows and Macintosh (Visual Quickstart Guide), Peachpit Press.

Weinmann, E., & Lourekas, P., (November 2007), Illustrator CS3 for Windows and Macintosh (Visual Quickstart Guide), Peachpit Press.

WEB
http://www.coolhunt.net
http://www.snapfashun.com
http://www.sachapasha.com
http://www.fashioninformation.com
http://www.zandlgroup.com
http://www.sheerluxe.com
http://www.stylingworld.com

Company contact information in alphabetical order (this is not definitive, there are many agencies and services available in countries throughout the world, these are the ones that are better known in Europe, the United States and Australia).

Brandnewworld
231 West 29th Street
New York
New York
10001
USA
T: 212 967 5900
E: afeldenkris@brandnewworldus.com
W: www.brandnewworldus.com

Carlin International
79 Rue de Miromesnil
75008
Paris
France
T: +33 (0) 1 53 04 42 00
F: +33 (0) 1 53 04 42 08/10
Contact 'Style'
E: style@carlin-international.com
Contact 'Communication'
comm@carlin-international.com
W: www.carlin-groupe.com

Color Portfolio Inc.
USA
T: (866) 876 8884 tollfree
E: contact@colorportfolio.com

Concepts Paris
6 Rue Moufle
Paris
75011
France
T: +33 (0) 153 360608
E: www.concepts@conceptsparis.com
W: www.conceptsparis.com

Cotton Incorporated
6399 Weston Parkway
Cary
North Carolina
27513
USA
T: (919) 678 2220
F: (919) 678 2230

Faith Popcorn - Brainreserve
1 Dag Hammerskjold Plaza 16th Floor
New York
New York
10017
USA
T: 212 772 7778
F: 212 772 7787
W: www.faithpopcorn.com

Fashion Forecast Services
18 Little Oxford Street
Collingwood
VIC 3066
Australia
T: +61 3 9415 8116
F: +61 3 9415 8114
E: info@fashionforecastservices.com.au
W: www.fashionforecastservices.com.au

Fashion Snoops
60 West 38th Street
New York
New York
10018
USA
T: +1 (212) 768 8804
F: +1 (646) 365 6013
E: info@fashionsnoops.com
W: www.fashionsnoops.com

The Future Foundation
Cardinal Place
6th Floor
80 Victoria Street
London
SW1E 5JL
UK
T: +44 (0) 20 3042 4747
F: +44 (0) 20 3042 4750
E: office@futurefoundation.net
W: www.futurefoundation.net

Future Laboratory
Studio 2
181 Cannon Street Road
London
E1 2LX
UK
T: +44 (0) 207 791 2020
F: +44 (0) 207 791 2021
W: www.thefuturelaboratory.com

Henley Centre/HeadlightVision
6 More London Place
Tooley Street Place
London
SE1 2 QY
UK
T: +44 (0) 207 955 1800
F: +44 (0) 207 955 1900
E: betterfuture@hchlv.com
W: www.hchlv.com

Here & There
The Doneger Group
463 Seventh Avenue
New York
New York
10018
USA
T: 212 564 1266
W: www.doneger.com

Infomat Inc.
307 West 38th Street
Suite 1005
New York
New York
10018
USA
E: customercare@infomat.com
W: www.infomat.com

Jenkins Reports Ltd
44 Beckwith Road
London
SE24 9LG
UK
T: +44 (0) 207 733 0378
F: +44 (0) 207 737 1941
E: editorial@Jenkins-Reports.com
W: www.jenkinsreports.com

KM Associates
19 Heyford Road
Radlett
Herts
WD7 8PP
UK
T: +44(0) 1923 338205
F: +44(0) 1923 469509
E: mail@kmauk.com
W: www.kmauk.com

Milou Ket Styling & Design
Houttuinen 1
NL 1441 AG
Purmerend
The Netherlands
T: +31 299 433 638
F: +31 299 428 581
E: studio@milouket.com
W: www.milouket.com

Mode...information
Lisa Fielenbach
Heinz Kramer GmbH
Pilgerstraße 20
D-51491 Overath
T: +49 (0)2206 60 07 0
F: +49 (0)2206 60 07 17
E: info@modeinfo.com
W: www.modeinfo.com

Mode...information Ltd
First Floor Eastgate House
16-19 Eastcastle Street
London
W1W 8DA
UK
T: +44 207 4 36 01 33
F: +44 207 4 36 02 77
uksales@modeinfo.com

Mudpie Ltd
21-23 Home Farm Business Centre
Lockerly
Romsey
SO51 0JT
UK
T: +44 (0)1794 344040
F: +44 (0)1794 344056
W: www.mudpie.co.uk

Nelly Rodi
28 Avenue de St. Ouen
75018
Paris
France
T: 01 42 93 04 06
E: infos@nellyrodi.com
W: www.nellyrodi.com

Pantone, Inc.
590 Commerce Boulevard
Carlstadt
NJ 07072-3098
USA
T: 201 935 5500
F: 201 896 0242
W: www.pantone.com

Peclers Paris
Lucy Hailey
Holbrook Studio
Unit 12
53 Oldridge Road
London
SW12 8PP
UK
T: +44 (0) 208 675 8100
F: +44 (0) 208 673 3233
E: hh.peclers@mistral.co.uk
W: www.peclersparis.co.uk

Peclers Paris
23 Rue du Mail
75002
Paris
France
W: www.peclersparis.com

Promostyl
31 Rue de la Folie Mericourt
75011
Paris
France
T: +33 (0) 1 49 23 76 00
F: +33 (0) 1 43 38 22 59
W: www.promostyl.com

PSFK (trends) not mentioned in book
536 Broadway
11th floor
New York
New York
10012
USA
T: +1 917 595 2227
W: www.psfk.com

R.D. Franks - fashion books, trend, subscriptions and magazines
5 Winsley Street
London
W1W 8HG
UK
T: +44 (0) 207 636 1244
F: +44 (0) 207 436 4904
W: www.rdfranks.co.uk

Studio Edelkoort
30 Boulevard Saint Jacques
75014
Paris
France
T: 01 44 08 68 88
F: 01 43 31 77 91
E: studio@edelkoort.com

Stylelens
Head Office
8581 Santa Monica Boulevard
West Hollywood
CA 90069
USA
T: +1 310 360 0954
F: +1 310 659 9592
W: www.stylelens.com

Stylesight
130 West Third Street
Fifth Floor
New York
New York
USA
T: 212 675 8877
F: 212 675 8899
E: info@stylesight.com
W: www.stylesight.com

Trend Bible
Suite 1, Floor 2
Adamson House
65 Westgate Road
Newcastle upon Tyne
NE1 1SG
UK
T: +44 (0) 191 241 9939
F: +44 (0) 7734 694 014
E: enquiries@trend bible.co.uk
joanna@trendbible.co.uk

Trendstop Ltd
28-39 The Quadrant
135 Salusbury Road
London
NW6 6RJ
UK
T: +44 (0) 870 788 6888
F: +44 (0) 870 788 6886
E: contact@trendstop.com
W: www.trendstop.com

Trend Union
30 Boulevard Saint Jacques
75014
Paris
France
T: 01 44 08 68 80
F: 01 45 65 59 98
E: corinne@trendunion.com

Trendwatching.com
Laurierstraat 71-HS
1016 PJ Amsterdam
The Netherlands
T: +31 (0) 206 383 868
F: +31 (0) 206 389 498
E: info@trendwatching.com
W: www.trendwatching.com

View Publications
Martin Bührmann
Metropolitan Publishing BV
Saxen Weimarlaan 6
NL-1075 CA Amsterdam
The Netherlands
T: +31 (0)20 617 7624
F: +31 (0)20 617 9357
E: office@view-publications.com

WeAr Global Magazine
Klaus Vogel
Publisher & Editor
T: +43 6542 55106
F: +43 6542 551062
E: kv@wear-magazine.com
Subscriptions from:
Mode Information
Heinz Kramer GmbH
Pilgerstraße 20
D-51491 Overath
sales@modeinfo.com
W: www.wear-magazine.com

WGSN - Worth Global Style Network
Greater London House
Hampstead Road
London
NW1 7EJ
UK
T: +44 (0)20 7728 5773
F: +44 (0) 20 7785 8120
W: www.wgsn.com

Woolmark
Level 9
Wool House
369 Royal Parade
Parkville VIC 3052
Australia
T: +61 3 9341 9111
F: +61 3 9341 9273
W: www.wool.com

INDEX